装配式中小学建筑标准化设计

李　洁　主编

天津出版传媒集团

天津科学技术出版社

图书在版编目（CIP）数据

装配式中小学建筑标准化设计 / 李洁主编． -- 天津：
天津科学技术出版社，2024. 11. -- ISBN 978-7-5742
-2545-9

Ⅰ．TU244.2-65

中国国家版本馆 CIP 数据核字第 20247CA700 号

装配式中小学建筑标准化设计
ZHUANGPEISHI ZHONGXIAOXUE JIANZHU BIAOZHUNHUA SHEJI

责任编辑：田　原
责任印制：兰　毅

出　　版：**天津出版传媒集团**
　　　　　天津科学技术出版社
地　　址：天津市和平区西康路35号
邮　　编：300051
电　　话：（022）23332377
网　　址：www.tjkjcbs.com.cn
发　　行：新华书店经销
印　　刷：河北万卷印刷有限公司

开本 710×1000　1/16　印张 15.75　字数 248 000
2024年11月第1版第1次印刷
定价：88.00元

编委会

主　编：李　洁
副主编：朱春华、朱雯雯
参　编：屈　炫　卢　怡　胡朝昱　何江玮　庞春美　刘　楠　黄　佳
　　　　沈雨辰　李常兴　莫涛涛　何晓群　易　祺　冯　超　罗　莹
　　　　唐子韬　周　全　罗日生　汤晓宇　梁殷恺　周　津　刘海清
　　　　舒　鹏　黄胡舟　李卓学　刘　风　蔡文浩

前　言

　　随着科技的快速发展，我们不断探索新的建造方法，以更高效、更环保、更经济的方式满足人们的居住和使用需求。装配式建筑作为建筑行业的一种新型建造方式，近年来得到了广泛的关注和应用。它以独特的优点（如建造速度快、环境影响小、可再利用性高等），成为未来建筑的一个重要方向。在这种背景下，中小学建筑建造作为我国当前教育的主要发展支撑，如何有效利用装配式建筑的优势，同时满足教育的特定需求，需要我们深入探讨。本书围绕装配式中小学建筑的标准化设计进行深入研究，旨在为建筑设计者和决策者提供参考和指导。

　　第一章详细介绍了装配式建筑的基础知识、发展历程以及未来趋势，为读者构建了一个全面的背景知识体系。

　　第二章深入探讨了我国中小学建筑的基本情况、建筑类型和建筑特点，并在此基础上对装配式中小学建筑标准化设计的原则、方法和要点进行了简单研究。

　　第三章深入探讨了装配式中小学建筑结构的标准化设计，从中小学建筑的结构体系、装配式建筑结构的预制三板的标准化设计和其他辅助功能的标准化设计等方面进行了阐述。

　　第四章和第五章分别对装配式中小学主要建筑体的教学楼和宿舍楼的标准化设计进行了详细探讨，从平面、立面到室内，全方位展示了装配式中小学建筑标准化设计的理念和方法。

　　第六章对中小学中的行政楼、艺术中心和风雨操场等中小学建筑的标准化设计进行了针对性分析与探讨，进一步丰富中小学建筑的设计内容。

第七章，结合当前的建筑信息模型（building information modeling, BIM）技术探索其在装配式中小学建筑设计、施工及运维中的应用，展望未来技术与建筑的深度融合，为实现绿色、智慧、高效的中小学建筑目标助力。

　　希望本书能为所有关心和从事中小学建筑设计的专家、学者和实践者提供有价值的参考，共同推动装配式建筑在中小学领域的广泛应用与发展。由于作者水平有限，书中难免存在不足之处，恳请广大读者批评指正。

目　录

第一章　装配式建筑概述

第一节　装配式建筑的基础知识

一、装配式建筑的定义

建筑作为人类日常活动的核心空间，深深地影响着人们的生活方式。在日常生活中，人们经常看到建筑工地的繁忙景象，工人辛勤地为新的"房子"建设添砖加瓦。一直以来，人们都认为建筑只能通过施工现场搭建建造而成，但随着时代的进步和建筑产业的现代化需求，这个观念必然要得到转变。想象一下，建筑物的各个部分就好像机械类零件一样可以在工厂中被制造，然后再被运送到现场进行统一装配。这种新的建筑模式被称为装配式建筑。《装配式混凝土建筑技术标准》对装配式建筑的定义为"结构系统、外围护系统、设备与管线系统、内装系统的主要部分采用预制部品部件集成的建筑"。[①]《装配式建筑评价标准》将装配式建筑定义为"由预制部品部件在工地装配而成的建筑"。[②]

装配式建筑作为现代建筑行业的一种革命性创新，不仅重新定义了建筑的生产流程，还塑造了新的行业愿景，那就是将建房过程变得像制造汽车或搭

---

① 中华人民共和国住房和城乡建设部.装配式混凝土建筑技术标准：GB/T 51231—2016[S].北京：中国建筑工业出版社，2017：2.

② 中华人民共和国住房和城乡建设部.装配式建筑评价标准：GB/T 51129-2017[S].北京：中国建筑工业出版社，2017：2.

积木般简洁、高效和模块化。装配式建筑的定义也可以阐述为把传统建造方式
中的大量现场作业工作转移到工厂进行，在工厂加工制作好建筑用构件和配
件（如楼板、墙板、楼梯、阳台等），然后把这些构件和配件运输到建筑施工
现场，通过可靠的连接方式在现场装配安装而成的建筑，其生产流程如图1-1
所示。

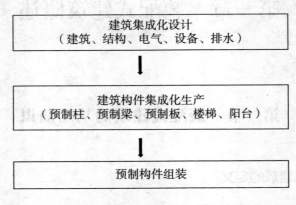

图 1-1 装配式建筑的生产流程

装配式建筑的概念还可以从狭义和广义两个不同角度来理解。从狭义角
度来看，装配式建筑主要是指在施工现场利用预制的部品和部件，并通过精确
的连接技术进行组装的建筑方式，强调了预制部件的核心地位和它们的标准化
特点。这种技术细节导向的定义反映了装配式建筑对建筑质量的关注，强调了
施工效率和准确性，能够确保项目按期完成，同时降低因常规施工引起的资源
浪费。

从广义角度来看，装配式建筑代表了整个建筑行业向工业化方向迈进的趋
势。这种转变意味着建筑项目不再是一个简单的施工任务，而是一个涉及标准
化设计、工厂级的生产精度、模块化施工、一体化装修和先进的信息管理系统
的综合流程。这种广义的定义强调了整个建筑过程中各个要素的协同和整合，
包括物质资源、技术创新、劳动组织、生产策略和管理手段，这些要素都展现
出高度的专业化、集约化和社会化特点，标志着建筑行业从传统的手工业转向
了现代的工业化生产。

结合这两种定义可以看到，装配式建筑不仅是一个技术或生产方式的改
变，更是建筑领域中的一个哲学变革，它代表了建筑产业对效率、质量和可持

续性的新追求，也预示着未来建筑的发展方向和无限可能性。

装配式建筑的应用范围十分广泛，从传统的住宅和办公楼，到学校、医院和其他公共建筑，再到特定的临时建筑（如灾后重建或大型活动的临时住宿和设施），都有其身影。

二、装配式建筑与传统建筑的差异

装配式建筑与传统建筑的区别不仅包括生产和建造方式的不同，更重要的是，装配式建筑还深刻地反映了建筑行业如何逐渐利用现代技术和思维方式来提高效率和满足多样化需求。

传统建筑的发展已经有几百年的历史了，也经过了无数次的优化，但从挖掘地基开始到砌墙、铺设屋顶，每一个步骤都是在建筑现场完成的，这一点并未得到根本性的改变，使传统建筑在建造过程中会面临一些固有的限制。例如，如果天气下雨，现场施工会受到制约，最终很可能导致项目延期；长期在一个固定的地点施工，无论是资源还是人力的调配也可能受到限制。而装配式建筑由于大部分的制造工作是在条件可控的工厂环境中完成的，因此能够确保高质量标准，减少现场施工中的不确定性。更重要的是，装配式建筑更加高效，因为工厂的生产线可以持续不断地生产，不会受天气或其他外部因素的影响。

从经济角度分析，传统建筑由于工程的复杂性和现场施工的不确定性，因此经常会出现超出预算的情况。而装配式建筑使用的预制构件可以批量生产，实现规模经济，大大降低生产成本。而且，由于工人在现场只需对预制构件进行安装，因此施工周期能够被大大缩短，项目的总成本也会降低。

从可持续发展角度分析，传统建筑方式会产生大量的建筑废物，还会产生噪声、扬尘，污染环境。而装配式建筑由于所用构件都是提前生产的，具有标准化的流程，因此产生的废物较少，对环境的影响也相对较小。

三、装配式建筑的常用术语

（一）预制混凝土构件

预制混凝土构件指的是那些在工厂或特定的施工现场预先制造的混凝土部

分。使用预制构件不仅能够节省劳动力，还可以解决因季节变化带来的施工问题，增加全年施工的可能性。在追求建筑工业化的道路上，推广预制混凝土构件被认为是关键途径之一。

（二）部件

部件是在工厂或施工现场预先制造并构成整个建筑结构系统的所有结构构件的统称，它们可能是梁、柱、楼板等，是建筑的主要结构组成部分。

（三）部品

部品是对于那些在工厂制造并构成建筑的各种系统（如外围护系统、设备与管道系统和内饰系统等）功能单元的统称。

建筑部品（或装修部品）的诞生受到了 20 世纪 90 年代初期日本建筑技术发展的影响，它是对由多种建筑材料、单一产品以及配件在工厂或施工现场按照标准组装形成的各种功能单元的统称。常见的建筑部品包括集成卫浴、整体屋面、复合墙体和组合门窗等。

建筑部品不是单一的产品，而是由主体产品、配套产品、配套技术和专用设备四部分构成的。主体产品指的是为特定建筑部位提供主要功能的产品，通常有着较高的技术集成度，并且具有模数化、尺寸规格化和施工安装标准化的特性。配套产品指的是主体产品运作所必需的材料和部件，需要满足主体产品的要求。配套技术指的是所有部品和产品所需的技术规范、标准和要求，以及设计、施工、维护和服务的规程。专用设备指的是在整体装配过程中所需的专门工具和设备。

（四）预制率

预制率指的是建筑室外地坪以上的主体结构和围护结构中，预制构件部分的混凝土用量与对应部分混凝土总用量的体积比（通常适用于钢筋混凝土装配式建筑）。[①] 常见的预制构件包括墙体（如剪力墙、外挂墙板）、柱、梁、楼板、楼梯、空调板、阳台板等。

---

① 田炜，朱海，刘智龙 . 建筑单体工业化程度评价标准新计算方式研究 [J]. 中外建筑，2016（7）：130-132.

（五）装配率

装配率指的是建筑中预制构件、建筑部品的数量（或面积）占同类构件或部品总数量（或面积）的比例。

四、装配式建筑的分类

装配式建筑的分类主要按建筑的结构体系和构件的材料来分。

（一）按建筑的结构体系分类

1.砌块建筑

砌块建筑是利用预制块状材料砌成墙体的装配式建筑，其特点是适应性强、生产工艺简单、施工简便、造价低廉，并能充分利用地方材料和工业废料。其中，小型砌块适用于人工搬运和砌筑，灵活度高；中型和大型砌块可通过机械化手段施工，提高效率。

2.板材建筑

板材建筑是以预制大型墙板、楼板和屋面板为主要组成部分的装配式建筑，能够减轻结构质量、提高生产效率、增大使用面积、增强防震性能，其设计的关键在于节点设计，需要保证板材间的连接整体性和防水性。

3.盒式建筑

盒式建筑是以板材建筑为基础形成的一种新的装配式建筑，也被称为集装箱式建筑，它不仅要在工厂完成建筑结构部分的生产，还要完成内部装修和设备的制备，达到即插即用的目的。这类建筑的显著特点是能够实现快速的工厂化生产与现场安装。

4.骨架板材建筑

骨架板材建筑是将预制的骨架与板材相结合形成的建筑。针对不同的结构体系，骨架板材建筑有框架结构和板柱结构两种。其中，框架结构主要采用重型的钢筋混凝土，具有结构合理、重量轻、分隔灵活等特点，适用于多层和高层建筑。

5. 升板和升层建筑

升板建筑的特点是在底层地面上重复浇筑楼板，竖立预制钢筋混凝土柱子，以柱为导杆，再通过油压千斤顶等工具将楼板提升到设计高度并固定。这种方法大多在地面进行，既安全又高效。升层建筑则是在每层楼板还在地面时预装墙体，实现一体化提升，能够加快施工速度。

（二）按构件的材料分类

1. 钢筋混凝土结构装配式建筑

钢筋混凝土结构装配式建筑指的是以钢筋混凝土工厂化生产的预制构件为主要材料，应用现场装配的方式对混凝土结构类建筑房屋进行建造和设计的建筑。[①] 它根据结构承重方式的不同，可以分为剪力墙结构和框架结构两种类型。

剪力墙结构主要以板构件为主，既可以作为承重结构的剪力墙墙板，也可以作为受弯构件的楼板。装配时，施工团队需要采用吊装方式，并处理好构件之间的连接。

框架结构的柱、梁、板都是分开预制的。施工时，各个构件会被吊装并连接。施工团队可以另外生产用于框架结构的专用墙板，以增强整体性能。

2. 集装箱式结构装配式建筑

这类建筑的特点是利用混凝土或其他材料制作建筑的部件，如客厅、卧室等。每个部件实际上是一个完整的房间，类似集装箱，施工时只需进行吊装组合即可。例如，日本早期的集装箱结构就采用了高强度塑料作为材料。

3. 钢结构装配式建筑

这类建筑主要采用的是钢材料，分为型钢结构和轻钢结构。型钢结构的构件截面一般较大，承载能力强，可用于高层建筑，施工时需要采用锚固或焊接方式连接。轻钢结构使用的是截面较小的轻质槽钢，主要用于多层建筑或小型别墅建筑，具有施工方便快捷、造价相对较低等优点，市场前景很好。

4. 木结构装配式建筑

木结构装配式建筑完全采用的是木材，即在工厂完成装配式部品以及木构

---

① 章智平．基于损伤监测的装配式框架结构震后性能评估 [D]. 福州：福州大学, 2018.

件的加工制作（如楼梯、楼板、柱、梁和内外墙板等），接下来将材料转运到施工场地完成装配工作。[①] 木结构不仅环保，还具有良好的抗震性能，在木材资源丰富的国家（如德国和俄罗斯），木结构装配式建筑得到了广泛的应用。

第二节　装配式建筑的发展历程

一、装配式建筑的起源

装配式建筑可能给人一种现代化、技术驱动的印象，但实际上这一建筑模式在中国有着深厚的历史传统。中国建筑史中的木结构建筑就是装配式建筑的一个原始而纯粹的形式。

自奴隶社会时期，中国就已经拥有了独特的木结构建筑传统。这种建筑模式的工艺分为两大环节：构件的制作和现场装配。这与现代的装配式建筑理念惊人地相似。在工厂或特定的场所，建筑师需要制作各种木结构构件（如柱、梁、短梁、装饰梁、斗拱、隔扇等），并为它们涂上精美的颜色，刻画精细的花纹，这体现了集成化设计的概念。当这些构件准备就绪后，它们会被运到施工现场，在预先制作好的台基上进行精确的装配。

这些传统木结构建筑在结构与装饰上都极具艺术性和实用性。例如，斗拱这一纵向梁的连接件是由多个小斗拱构件组合而成的；隔扇具有多功能性，它可以是墙，也可以是门或窗，并且具有精美的装饰；楼梯的踏步步数与当时社会的等级制度相对应，皇帝的宫殿有高达45步的台基，而一般官员和民间庙宇则是9步。

为了精确地模拟古代的建筑过程，现代研究者经常采用计算机三维建模技术，按照历史资料和实际尺寸为每一个构件建模，并在虚拟环境中进行装配，从而复原古代的建筑风貌。

古埃及的金字塔虽然与中国木结构建筑有所不同，但它的建设过程也体现了早期的装配式建筑理念。大型的石料经过人工加工，被制成适合建造金字塔

---

① 赵晓茜，韦妍. 解读装配式木结构建筑的应用现状及展望［J］. 建材与装饰，2020（1）：27-28.

的构件，然后在指定场地进行组装，最终形成了今天人们所熟知的宏伟结构。

二、装配式建筑的发展背景

装配式建筑不仅体现了建筑行业的进步，而且与党中央及国务院旨在推进供给侧结构性改革的战略方向紧密相连。国外，特别是在欧洲，这一建造模式在第二次世界大战后得到了迅速的推广和应用，主要受到三大因素的影响：第一，稳固的工业化基础；第二，战后劳动力变得相对稀缺；第三，战争重建需要快速建成大量住房。这三大因素为装配式建筑在欧洲的蓬勃发展创造了有利条件。反观我国，随着人口激增，房屋住宿条件面临巨大改善，这使我国有了足够的条件去更广泛地采纳和推广装配式建筑。

在现行的建筑行业中，人们仍然可以观察到大量依赖现场浇注建造房屋的现象。这种方法的局限性在于其单调的形态和有限的选择，这无疑会大大影响建筑的施工速度、整体质量和多功能性。在传统的建筑方法中，建筑的设计、生产与施工往往是分隔开的，技术整合力不足，导致工程进度不连贯。而且，这种模式会使建筑生产主要依赖人工和传统的湿法作业，机械化水平较低。另外，当前的管理模式和劳动力市场构成也存在一系列的问题，如管理模式的低效、劳动者技能和素质的不均等，这些因素最终可能导致建筑在建造过程中出现环境污染、安全隐患以及建筑质量不稳定等一系列问题。而装配式建筑作为一种现代化的建造方式，很好地解决了传统建造方法中的多种问题，为建筑行业的持续创新和升级开辟了新的道路。

然而，我国在探索装配式建筑方面仍处于起步阶段。从整体上看，与传统建造方式相比，装配式建筑在建筑市场中的占比仍然较小，这也正是我国在当前环境下需要进一步推广装配式建筑的原因。

早在 17 世纪，美洲移民使用的木结构的组装式房屋就是装配式建筑的一种形式。1851 年建成的伦敦水晶宫以其创新的铁与玻璃结构，被誉为全球首个大型装配式建筑。在第二次世界大战后，受战争影响，欧洲和日本都面临严重的住房短缺，这也为装配式建筑的发展和普及创造了条件。

三、国外装配式建筑的发展

装配式建筑在全球范围内已有深厚的历史沉淀，尤其在日本、美国、德国、澳大利亚、法国、瑞典和丹麦等地，每个国家都结合自身的特色和发展需求，为装配式建筑注入了独特的元素。

（一）日本

从 1968 年开始，日本就着手于装配式住宅的研究，并逐步形成了系统化、工业化的生产方法。日本的装配式住宅不仅代表了日本制造业的高效与精密，更是对住宅需求和居住环境变革的响应。其中，政府扮演的角色更是不可忽视：它确保了预制混凝土结构的质量，制定了严格的建筑标准，并积极推动了技术创新，保障了整个产业的健康发展。例如，日本某企业从最初拥有生产制造能力的综合建材供应商，到整合装配式内装设计、高效大批量施工以及后期维保的产业链上下游资源，已贯穿企业各环节的管理标准中。[①]

此外，日本政府对技术进步的扶持和对模数标准的制定，解决了标准化生产和个性化需求之间的矛盾，为全球的装配式建筑设立了标杆。日本当前的住宅产业已经逐渐显现出较为成熟的机制，可以说是当前建筑行业体制比较完善的国家之一。[②]

（二）美国

20 世纪 70 年代，美国的装配式住宅发展迅猛。受能源危机的影响，美国开始大规模推广装配式住宅，以便更好地应对资源和环境的双重挑战。1976 年，美国国会通过了国家工业化住宅建造及安全法案，同年出台了一系列严格的行业规范和标准，这些规范和标准一直被沿用至今，并且与后来的美国建筑体系逐步融合。这些行业规范标和准确保了装配式住宅的质量和安全。装配式住宅在美国不仅代表了建筑的技术进步，更是对居民对住宅的多样化、舒适化需求的回应。

总部位于美国的预制 / 预应力混凝土协会（precast/prestressed concrete institute, PCI）编制的《PCI 设计手册》（以下简称 PCI 手册）中就包括了装配式结构的相关部分。该手册不仅在美国具有一定地位，在整个国际社会中也具

---

① 唐大为，易鸣. 装配式内装体系与技术创新探究［J］. 城市住宅，2020，27（5）：121-124.

② 李瑜. 日本装配式房屋建设有哪些值得我们学习和参考［J］. 砖瓦，2019（8）：80.

有非常广泛的影响力。从 1971 年的第 1 版开始，PCI 手册已经编制到了第 8 版。除 PCI 手册外，PCI 还编制了一系列的技术文件，内容涉及设计方法、施工技术和施工质量控制等方面。美国装配式建筑行业最新的钢结构规范中提到，模块集成化钢结构建筑强调结构的装配方式向结构预制式和内装修系统化的集成方向发展[①]，证明模块集成化建筑就是建筑结构和内装修部分的统一设计。

（三）德国

第二次世界大战摧毁了德国大量住宅，战后居民回归，其居住地早已变成瓦砾，居住区非常稀少。于是德国制作了大量预制混凝土板，开始使用预制混凝土构件建造居住建筑作为国民的居住区。虽然这些工程就现在来看不怎么流行，且以 1990 年以后逐渐退出了建筑界，但这些大板建筑却帮助德国解决了当时居住区稀少的问题。德国现在的集合住宅和公共建筑工程大多依据各地的情况进行针对性设计，依据工程的特征，采用钢混结构体系或者预制构件和现浇混合建造体系进行施工，而不再过于追求高比例的装配率。换言之，德国通过优化施工、设计和策划等建筑建设全流程，追求工程的绿色环保、功能性、经济性以及个性化的整体平衡。[②]

德国的装配式住宅在技术上主要偏向于叠合板和混凝土结构体系，这样的结构设计在保障住宅的坚固性和耐久性的同时，注重了环保和能效。德国是全球建筑节能减排的领头羊，装配式住宅为其在这方面的努力提供了有利的条件。从广义的节能到被动式建筑，装配式住宅都在其中发挥了十分重要的作用。

（四）法国

法国在全世界是较早推行建筑产业化的国家之一，它的工业化发展经历了三个大的阶段。20 世纪 50 年代至 20 世纪 60 年代，为了尽快地解决居住问题，法国在全国各地推行了住宅生产工业化，其终极目标是构建出数目足够的装配式建筑，这一时期也被称为"数量时期"。到 1970 年，住宅匮乏的形势已经有所缓解，人们对住宅产业化生产的要求已经不再只是数量上的大批量生产，

① 王志成，麦卡伦，史密斯，等. 美国钢结构建筑体系与技术动向 [J]. 住宅与房地产，2019（32）：60-64.
② 卢求. 德国装配式建筑发展情况与经验借鉴 [J]. 中华建设，2018（5）：26-29.

人们更注重住宅工业化生产的质量和居住空间的舒适度。在这个阶段，住宅工业化的工作重点由数量转变为质量。20 世纪 90 年代，欧洲各个国家陆续提出可持续发展战略，城市与建筑的发展必须遵循人与自然和谐共生的基本原则，法国建筑工业化的发展也从此进入了低碳环保的"绿色"阶段。

法国很少有装配式建筑选用钢材和木材进行建构，大部分装配式建筑使用的是预制混凝土材料，并且普遍使用板柱或框架结构，相关技术比较成熟。预制混凝土是装配式建筑的主要建筑材料，它能够实现 70% 的节能率，减少 50% 的脚手架使用数目，并使装配程度高达 80%。[①]

四、国内装配式建筑的发展

我国对装配式建筑的研究应用起步于 20 世纪 50 年代至 20 世纪 60 年代，这一时期，我国出现了大板预制装配式建筑特有的设计——施工体系多为建筑、单层工业厂房建筑、多层框架建筑等建筑风格。[②] 也正在此时，我国与苏联建立了紧密的经济和技术合作关系，引进了苏联的标准化设计和预制建造技术。在此背景下，我国大量的重工业厂房开始采用预制装配的方法进行建设。这一时期的主要特点是大规模的预制混凝土排架结构的推广，以及各种预制构件（如预制柱、薄腹梁、预应力折线形屋架、鱼腹式吊车梁、大型屋面板和外墙挂板等）的广泛应用。更重要的是，面对我国钢材和水泥的短缺，预制技术为国家的工业发展作出了巨大贡献。

20 世纪 60 年代，我国的预应力技术得到了进一步的发展，特别是中小型预应力构件技术。这一技术的发展使无数城乡预制件工厂纷纷成立。这些工厂生产的主要产品有用于民用建筑的空心板、平板、檩条、挂瓦板，以及用于工业建筑的屋面板、π 形板、槽形板等。预制件行业在这一时期开始逐步形成规模，为后期的发展打下了坚实基础。

到了 20 世纪 80 年代，国家发展重心从生产向生活质量转变，城市住宅建设的需求迅速增长。为满足大规模的建设需求，我国再次引入外部经验，特别是苏联和部分欧洲国家的预制装配式住宅建设技术，装配式混凝土大板房逐渐

① 张辛，刘国维，张庆阳. 法国：预制混凝土结构装配式建筑 [J]. 建筑，2018（15）：56-57.

② 李素兰. 装配式建筑的现状与发展 [J]. 上海建材，2018（5）：27-35.

成为主流建筑模式，在北京、沈阳、太原和兰州等大城市中得到了广泛推广。但是，受当时建筑材料技术和施工水平的限制（尤其是保温、防水和隔声材料的不足），这些大板房在实际使用中出现了不少问题（如冬季寒冷、夏季过热等），大大影响了人们对装配式建筑的信心。

20世纪90年代，中国开始深化经济体制改革，住宅建设也从政府主导的供给方式转向市场驱动的需求方式。随着住宅建设标准的多元化，原有的预制构件工厂因模具和经营模式无法满足市场的多样化需求而逐渐退出市场。装配式大板结构也因此被迅速淘汰，被其他更加灵活和多元的建筑模式所取代。

进入21世纪，全球环境问题日益严重，中国也深受影响，特别是在城市化的快速推进和国内资源日趋紧张的背景下，建筑领域的可持续发展受到了前所未有的重视。2004年，中国政府明确指出要推广节能和土地高效利用的住宅模式，即"五节一环保"。这一策略也得到了住宅建筑相关法规和标准的具体体现和支持。

随着中国经济和技术的空前发展，特别是在建筑和房地产领域材料技术和装备水平的飞速进步，建筑产业化呈现出新的发展机遇。为了重新振兴预制建筑，企业和研究机构投入了大量的资源和精力，从技术引进到自主创新，不断寻求突破。2014年，《装配式混凝土结构技术规程》（JGJ 1—2014）的出台，为预制建筑行业的复兴注入了新的活力，开启了新一轮的装配式建筑发展热潮。据统计，仅2015年，我国的装配式建筑产业规模就达到了858亿元，整个行业的总产值更是高达1 287亿元。

为了进一步加强装配式建筑的推广和应用，2016年，国务院发布了《关于进一步加强城市规划建设管理工作的若干意见》，明确提出了大幅度推进装配式建筑的目标和措施。这些措施旨在减少环境污染，提高工程效率和质量，鼓励工厂化生产和现场装配的施工模式，希望在未来十年内，装配式建筑能占据我国新建建筑的30%以上。

根据2021年3月份中华人民共和国住房和城乡建设部标准定额司发布的全国装配式建筑发展通报可知，2020年，全国新开工装配式建筑共计6.3×10^8 m²，较2019年增长50%，占新建建筑面积的比例约为20.5%，完成了《"十三五"装配式建筑行动方案》确定的到2020年达到15%以上的工作目标；新开工装配式混凝土结构建筑为 $4.3 \times 10^8\ m^2$，较 2019 年增长 59.3%，占新开工装配式建筑的比例为 68.3%；2020 年，京津冀、长三角、珠三角等重点推进地区新开工装配式建筑占全国的比例为 54.6%；2020 年，全年装配化装修面积较 2019 年增长 58.7%。

2022 年 1 月 10 日，全国住房和城乡建设工作会议在北京以视频会议的形式召开，会议提出：要大力推动建筑业的转型升级，坚持守底线、提品质、强秩序、促转型，提高建筑业发展的质量和效益；要完善智能建造政策和产业体系，大力发展装配式建筑；要持续开展绿色建筑创建行动，完善工程建设组织模式，加快培育建筑产业工人队伍；要健全建筑工程质量安全保障体系，完善工程质量评价制度。

第三节　装配式建筑的新面貌

在如今快速变化的时代，建筑业面临的挑战与机遇并存，装配式建筑以其独特优势成为业界焦点。这种建筑方法不仅是技术的革新，更是建筑业发展与转型的标志。

一、建筑业主流趋势的转变

随着我国城市化进程的推进，人们对住房和公共设施的需求不断攀升，我国迫切需要一种更快、更高效的建筑方法以满足当前的建筑需求。长久以来，我国采用的都是传统的建筑方式，这种方式依赖大量的人工。但随着科技的飞速发展，这种劳动密集型的工作模式获得了巨大的改变和提升，特别是标准化、模块化、多样化、一体化的装配式建筑的应用，受到更多业内人士及社会的青睐。更重要的是，从模块化的建筑方式到人工智能的应用，建筑行业的主流趋势开始转变。此外，消费者日渐增长的对住房质量的追求也为装配式建筑提供了良好的市场环境。

装配式建筑改变了传统的建筑方式，这种方法可以将建筑的各个部分先在工厂中进行制造，然后将成品送到施工现场进行组装，极大地提高了建筑的效率，减少了施工现场的浪费，降低了对环境的影响，并确保了建筑的质量。由于预制部件都是在受控的工厂环境中制造的，因此装配式建筑更易于实现高标准和精确的设计。更重要的是，随着全球环境问题的愈演愈烈，环境保护成为全球的重要议题，建筑市场对绿色、节能和低碳的需求也不断提高。而装配式建筑正好满足了这一需求，它在施工过程中对环境的影响小，在材料使用上也能作出更为环保的选择。

现阶段装配式建筑仍存在较大的成本增量，其中标准化设计水平不高是主要原因之一，部品部件的标准化水平会直接影响建造成本。[①] 随着装配式建筑的大力发展以及国家节能减排、"双碳"目标的逐步实施，装配式建筑作为现代建筑的主要群体，在实现国家战略目标上具有举足轻重的作用。[②]

为了推动装配式建筑的发展，我国政府给予了强大的支持，除了直接的资金补贴和税收优惠等经济扶持，还出台了一系列的偏向政策，制定了各种各样的规范化标准，为装配式建筑的健康、规范发展提供了强有力的保障。此外，我国各地政府也纷纷响应号召，大力支持装配式建筑技术的研发，并选取了一些重点项目作为示范进行大范围的宣传和推广（如开发更为先进的构件连接技术、吊装及安装技术，保证装配式建筑预制构件的运输、连接、安装等过程的准确性、便捷性；积极研究全新的设计方式和组合方式，最大化地利用预制部件，满足各种功能和环保要求）。

二、建筑行业的新格局

先进的现代技术为装配式建筑的设计、施工、管理和运维带来了不容忽视的重要作用。例如，BIM 技术为建筑项目的设计、施工和管理提供了强大的工具，可以让建筑师、工程师和承包商在虚拟环境中展开合作，确保项目更符合人们的预期并顺利进行，应用 BIM 技术不仅有助于发现和解决设计中存在的问题，还可以为施工团队提供准确的三维模型，提高施工的精确性和效率；数字孪生技术可以为建筑的长期运营和维护提供实时的数据反馈，确保建筑在整个生命周期中都能高效运行；人工智能技术可以帮助设计师创建更为人性化和

① 顾泰昌. 国内外装配式建筑发展现状 [J]. 工程建设标准化，2014（8）：48-51.
② 蒋勤俭. 国内外装配式混凝土建筑发展综述 [J]. 建筑技术，2010，41（12）：1074-1077.

功能化的设计，以满足用户的个性化需求；工业机器人可以在装配式建筑安装过程中提升工作效率。

此外，随着全球气候变化的威胁日益加剧，绿色建筑和零能耗建筑的设计理念也越来越受到重视，低碳混凝土和可回收钢材等新型的建筑材料的开发与应用，为创造一个与自然环境和谐共生的生活空间奠定了坚实的基础。

建筑行业的新格局还体现在它与其他行业的融合上。传统的建筑公司只需要提供工人和材料，而新型的建筑公司不仅要提供工程服务，还要提供技术、设计和咨询服务，逐步转型为提供综合解决方案的服务供应商。这意味着建筑行业不再只是为了建造物理结构，而是为了创建一个集居住、工作和娱乐于一体的综合性空间。

三、智能建筑

在现代建筑领域中，人工智能和装配式建筑的融合应用可以衍生出一种全新的建筑模式——智能建筑。这种建筑不仅充分利用了装配式建筑的高效和模块化优势，还融入了现代电脑技术、现代通信技术和现代控制技术，可以实现更为精确和个性化的管理与控制。

智能建筑是指通过将建筑物的结构、系统、服务和管理根据用户的需求进行最优化组合，从而为用户提供一个高效、舒适、便利的人性化建筑环境。在智能建筑的日常运营中，人工智能起到了关键作用。通过内置的集成传感器和控制系统，建筑可以实时监测内部环境和外部条件（如温度、湿度、光线和空气质量等），并自动进行调整，以确保最佳的居住和工作条件；而智能安防系统可以实时监测建筑的安全状况，及时发出警报。

此外，结合物联网技术，智能建筑还能够实现远程控制和管理。用户可以通过手机或其他移动设备，随时随地查看和控制建筑的状态（如调节室内温度、开关灯光和电器、查看安全摄像头的实时画面等），这不仅提供了极大的便利性，还增强了建筑的安全性和节能性。

总的来说，智能建筑是一种结合了装配式建筑的效率和人工智能的智能化的现代建筑形式，代表了建筑行业的未来方向，将为人们提供更为舒适、便捷和可持续的生活环境。

第二章 装配式中小学建筑标准化设计基础

第一节 我国中小学建筑简介

一、我国中小学建筑的基本情况

1993 年颁布的《中国教育改革和发展纲要》明确提出，中小学教育要实现从应试教育到素质教育的转变。这是一个重要的标志，它意味着中小学教育不再单纯追求分数，而是更加重视学生的全面发展。但这种改革也对中小学提出了更高的要求，学校不仅要具备能够提供传统教学的空间，还需要具备中小学生进行体育、艺术和其他实践活动的场所。因此，为了实践这一新的教育理念，中小学的规划设计和建筑布局必须进行相应的调整。

（一）国内对中小学建筑的研究

我国对中小学建筑的理论研究与国外发达国家相比起步较晚，相关研究在改革开放后兴起。其中，张宗尧教授和李志民教授通过理论研究和实践分析，编写了《中小学校建筑设计规范》，这是国内第一本关于中小学建筑设计的国家统一规范。除此之外，张宗尧教授和李志民教授还创作了《中小学建筑设计》并在国内出版。《中小学建筑设计》的出现填补了我国中小学校园建筑设计领域的空白，完善了我国初高中和小学校园设计的原则和理念。

2008 年，李曙婷等在期刊《建筑学报》上发表了《适应素质教育发展的中小学建筑空间模式研究》，通过对我国以及国际上的素质教育发展的研究，得出"我国教育改革属于世界教育改革体系中的一员，在未来，我国的教育发展会趋向更高的开放性"的结论。[①]

2009 年，周崐等在期刊《建筑学报》上发表了《中小学校普通教学空间设计研究》，研究了日本以及欧美发达国家初中和小学校园空间各个历史阶段的发展，分析了传统年级学区以及开放教室、矩形教室等各类教学空间的缺点和优点，并对教育空间设计的发展历程进行了梳理。在此基础上，他们还分析了普通教学空间的功能构成和空间特性，以期为建构适应我国素质教育发展的普通教学空间提供现实依据和理论基础。[②]

2017 年，王琰等在期刊《城市建筑》上发表了《我国中小学校空间环境品质提升策略初探》，研究了我国初中和小学校园的发展变化，总结了素质教育下的学校空间标准和学校空间内环境品质的提升策略。[③]

2018 年，杨林佼和惠珂璟在期刊《建筑与文化》上发表了《浅析新的教育理念下中小学校教学空间设计》，他们通过实地走访，发现当前校园存在公共空间利用率低、实验室功能不完备、教学空间少等问题，认为学校需要根据全新的课堂标准和课程体系来规划教学空间，需要极高的开放性、灵活性，要求功能复合性高，这样才能更好地满足现阶段我国全新的教育需求。[④]

（二）我国中小学的学校规模和班级规模

1. 学校规模

为了保证学生到校能够接受全方位的教育，学校必须具备一定的规模。近年来，随着我国城市化进程的加快以及教育事业的深入发展，中小学的规模、功能与布局受到广泛关注。在这样的大背景下，我国教育相关部门根据我国国情、教育需求和社会发展趋势，发表了《中小学校设计规范》（GB 50099—

---

① 李曙婷，李志民，周昆，等. 适应素质教育发展的中小学建筑空间模式研究 [J]. 建筑学报，2008（8）：76-80.

② 周崐，李曙婷，李志民，等. 中小学校普通教学空间设计研究 [J]. 建筑学报，2009（增刊 1）：102-105.

③ 王琰，李志民，王丽. 我国中小学校空间环境品质提升策略初探 [J]. 城市建筑，2017（7）：21-23.

④ 杨林佼，惠珂璟. 浅析新的教育理念下中小学校教学空间设计 [J]. 建筑与文化，2018（1）：100-101.

2023）。该标准涉及中小学建设的方方面面，力求为广大师生提供一个绿色、环保、智能化、舒适、安全、健康的学习环境。

《中小学校设计规范》的核心目的在于为学生打造一个现代化、科学化的学习环境，从选址、布局、交通、环境配套、资源配置等多个方面出发，确保学校的位置既对学生有利，又能够促进学校的未来发展。该标准还对校园的各种空间进行了详细的规划，如校园公共空间、教学空间、行政空间、活动空间和生活服务空间，目的是提升教学效果，提高管理效率，为学生提供更加完善的服务。例如，教学空间不再只是简单的教室，还涉及实验室、计算机房、艺术室等多功能空间；运动场馆与体育设施的规划，图书馆与电化教育设施的建设，以及宿舍、食堂、医疗卫生等配套设施的建设也都要有明确的要求。因此，中小学建设规模要遵循"统筹规划、重点突出、分步开展、分层配套"的原则，结合学校的实际情况来确定。中小学功能分区示意图如图 2-1 所示。

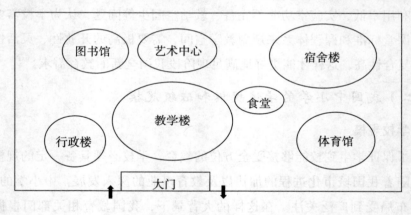

图 2-1 中小学功能分区

2. 班级规模

为了保证每位学生都能得到更好的教育，班级人数必须满足要求。根据国家规定，中小学的班级人数不能超过 45 人，这样的班级规模可以确保教师更为细致地关注每一个学生，同时方便开展各种小组活动和讨论。但是，在实际的生活中，所有的家长都对孩子的教育抱有极高的期望，他们希望孩子能在有着良好教育资源的学校中接受教育，这就导致一些中小学，尤其是城市的热门中小学的班级人数可能会超过 50 人，出现"大班额"的现象（所谓的大班额指的是人数超过国家规定的 50 人以上的教学班额）。[1] 超出规定人数的班级意味着学生与教师的互动减少，学生参与课堂活动的机会也会降低。过多的学生也会对学校的基础设施造成巨大的压力，不仅增加了教师的教学负担，还可能影响学生的学习效果。

二、我国中小学建筑的类型及特点

（一）我国中小学建筑的类型

我国中小学建筑的类型与学生密切相关，学校就是学生的第二故乡[2]，学校的所有建筑都是为了满足学生的日常学习和生活的需求而存在的，并形成了一个相对完整和系统的布局。

1. 教学楼

教学楼是所有中小学的核心建筑，它承载着学校所有的教育教学活动。通常情况下，教学楼的类型多变，可以满足不同年级和不同学科的教学需求。除了常规的教室，教学楼内还应设有实验室、计算机房、艺术室等特色教学场所，这些特色教室旨在为学生提供更加具体的学习体验。

2. 宿舍楼

宿舍楼对寄宿制学生而言是第二个家，是学生相互交流、夜间休息的地方。现代宿舍楼不仅要有单纯的休憩空间，还应具有独立卫生间、学习区域和休闲空间等便于学生生活的空间。

3. 其他建筑

学校内还有许多其他功能性建筑，如行政楼，艺术中心、风雨操场等。行政楼是学校的管理中心，集中了全校的所有行政部门和功能部门，如校长办公室、教务办公室、财务室等，一些学校还会在行政楼设立接待室和会议室，以满足外部交流和学校活动的需要；艺术中心是学生自由活动、开展艺术教育的

[1]　杨涵深，游振磊．义务教育"大班额"：现状、问题与消减对策［J］．教育学术月刊，2019（12）：57-64.

[2]　胡华．我国中小学科学教育研究的现状与未来发展：基于 2009—2018 年期刊论文的分析［J］．上海教育科研，2020（1）：29-34.

场所，可以培养学生的多方面能力；风雨操场是学生上体育课和进行体育锻炼的场地。

（二）我国中小学建筑的特点

1.教学楼

教学楼作为中小学的核心建筑，不仅是学生日常学习的主要场所，也是展现学校文化和教育理念的重要载体。随着教育理念的不断更新和社会的发展，现代的教学楼已经不再仅仅满足基本的教学功能，而是成为一个综合性的、多功能的、充满活力的空间。其特点如下。

第一，建筑功能规整有序。现代教学楼为了满足现代教育的各种需求，包含了各种各样的教室（包括普通教室、各类专用教室、公共教学用房及其辅助用房），所有的功能空间都是经过精心设计和布置的，它们通过走廊、楼梯等交通空间进行有序的串联，形成了一个既整体又统一的综合性空间，具有极强的整体性、集中性和联系性。

第二，教学空间标准统一。为了确保教学空间的质量和功能性，现代教学楼的所有教学空间都是遵循明确的标准而设计的，不仅有着相同的教室面积、净高、进深尺寸和布局，还对建筑的功能、结构、管线、设备等有着细致的要求，最终得出标准化的教学空间。这种标准化的设计可以确保所有教室都能为学生提供一个舒适、功能齐全的学习环境。

第三，建筑单元灵活组合。为了满足素质教育理念下的多样化需求，现代教学楼越来越注重建筑单元的灵活组合。

第四，建筑环境舒适温馨。学校不仅是学生学习的地方，更是他们成长的重要场所，为了使学生能够在学校中获得最佳的学习和生活体验，现代教学楼的设计特别注重建筑环境的舒适性和温馨性，从室内环境到室外景观都应经过精心设计，使学生能够在学校中感受到家的温暖和舒适以及心灵的和谐。

第五，能够体现人文文化。教学楼作为学校的主体建筑，特别注重文化元素的融入，所以教学楼的设计也应体现文化元素，即通过合理的空间布局和设计手法，使教学楼不仅能够满足基本的教学功能，还能为学生提供一个充满人文氛围的学习环境。

2. 宿舍楼

宿舍楼作为学生的主要生活空间，是学生在学习之余休息、放松和社交的场所。一个好的宿舍楼不仅要满足学生的基本生活需要，更要为他们创造一个舒适、安全、和谐的居住环境。宿舍楼的主要特点如下。

第一，注重居住舒适性。现代宿舍楼要保证学生居住的舒适性，需要有合理的室内温度、足够的日光、良好的通风、适当的隔声以及合理的空间布局和家具配置，确保学生有一个舒适的休息环境。

第二，注重私人空间与公共空间的平衡。现代宿舍楼不仅要保障每位学生有足够的私人空间，还要为学生提供多种公共空间（如学习室、活动室、洗衣房等），方便学生在闲暇时进行交流与合作。

第三，保障安全性。宿舍楼必须保证学生的安全（包括结构安全、消防设备安全、安全出口的设置以及对楼内公共区域的监控等），确保学生在宿舍楼内有一个安全的居住环境。

第四，功能齐全。现代宿舍楼除了要满足基本的居住功能，还应具备其他辅助功能（如自助洗衣、食品贩卖机、邮件收发点等），以满足学生的日常需求。

第五，能够体现学校文化和特色。宿舍楼的楼体外观和内在装修要简洁，尽量与学校的整体风格保持一致，并能清楚地反映学校的文化和特色。

3. 其他建筑

（1）行政楼。行政楼作为学校的核心管理建筑，不仅是教职员工日常工作的主要场所，也是展现学校管理水平、组织文化和领导理念的核心区域，更是向外界展示学校形象的窗口。行政楼的特点如下。

第一，组织功能明确且专业。行政楼应包含教务、财务、人事、领导办公室等部门，并根据每个部门的功能和工作性质进行合理的布局，确保所有部门组成有机的整体。

第二，空间布局尊重隐私且具有开放性。行政楼不仅需要考虑各个部门的隐私和独立性，还要满足公共交流和合作的需要。

第三，技术设备先进且完备。为了满足现代管理的需要，行政楼通常会配备先进的信息技术设备，如计算机、视频会议设备、通信设备等。

第四，环境舒适。行政楼的室内环境要求舒适、安静且充满活力，为员工创造一个健康的工作环境。这一要求通常会通过合理的光线、通风、隔声等设计搭配和简洁明快的装修风格来实现，这样的环境能大大提高员工的工作效率。

第五，建筑风格能够体现学校的文化和价值观。行政楼作为学校的形象代表，其外观必须能彰显出学校的文化内在和价值观，它的形象可以是古典的或现代的，也可以是中西结合的，但一定要为来访者留下深刻的印象。

第六，能够展现学校的开放与包容。行政楼是学校与外界交际的桥梁，其设计应体现出学校的开放和包容，无论是接待区的设计还是公共艺术的装置，都应展现出学校的特色和品质。

（2）艺术中心。艺术中心是学生进行艺术学习和表演的主要场所，其特点如下。

第一，空间多功能化。艺术中心除了承担一般的艺术教学任务，还是开展各种艺术练习和活动（如歌唱练习、钢琴演奏等）的场所，甚至还要举办艺术表演、展览、工作坊和交流活动，所以其空间设计必须保证多功能性。

第二，具有先进的舞台设备。为了保证艺术效果，艺术中心一般都会配备专业的、现代化的灯光、音响、舞台机械等设备，以确保各类活动的顺利进行。

第三，具有良好的音响效果。为了保证学生获得最佳的观赏体验，艺术中心内部应满足专业的声学设计要求。

第四，能反映文化与历史。艺术中心是艺术的殿堂，必须展现出艺术的独特魅力，所以其内部空间和装饰元素都要能反映艺术文化和历史特色。

第五，具有舒适的观众区。艺术中心可能会承办各种大型艺术活动（如音乐会、演奏会），为了保证学生可以安心观看，艺术中心必须具备舒适的座椅、良好的视野和完善的休息区域。

（3）体育馆。体育馆是学生进行体育学习和体育锻炼的主要场所，其特点如下。

第一，空间宽敞。现代体育馆不仅要承担体育运动教学，还要承担各种大型体育赛事（如排球赛等），所以空间必须足够宽敞。

第二，具有先进的设施。现代体育馆一般会配备高标准的运动设备、场地材料和科技系统（如智能灯光系统、声学设计、大屏幕显示等），确保学生运动的安全和高效。

第三，具有极致的安全性。运动馆场地应平整、无障碍，设施应坚固可靠，并设有多个紧急出口和完备的急救设备。

第四，具有舒适的观众区。体育馆可能会承办运动比赛和大型活动，为保证学生可以安心观看，体育馆必须具备舒适的座椅、良好的视野和完善的休息区域。

第二节　装配式建筑标准化设计的原则和方法

一、装配式建筑标准化设计的概念

人们如今提及的装配式建筑其实是一个结合古老智慧与现代技术的特殊的建筑形式，逐渐成为建筑行业的新方向，其背后隐藏的标准化设计的核心思想源远流长。这种设计思想早在中国古代的木结构建筑与西方的砖石建筑体系中便有所体现，只是在 21 世纪的今天，这一理念又被赋予了新的生命，成为推动建筑业转型升级的重要力量。

我国早在两千多年以前以木材为原料搭建建筑时就已经制定出一套完善的标准化设计体系，被称为"材分之制"。《营造法式》有云："材分八等，度物之大小，因而用之。"这句话的意思是木料的规格和使用方法都有严格的标准。这不仅保证了建筑的统一性和稳定性，还使整个建筑过程变得更加系统化。而在西方，罗马柱式建筑也是标准化的另一个典型体现，其柱子的柱基、柱身和柱头等部分都有固定的尺寸和比例，可以在工厂统一定制。这些柱体部分都满足柱断面和高度的比例关系，只需根据刻画在不同柱身上的装饰花纹的不同，就可形成各不相同的柱子样式，最终形成一种可以广泛复制和应用的标准模型，然后被运送到施工现场进行安装。

1962 年 9 月 9 日，梁思成先生在人民日报发表了一篇名为《从拖泥带水到干净利索》的文章，提出了一个装配式建筑的全新理念，并指出了建筑标准化和建筑工业化之间的关系：要大量、高速地建造就必须利用机械施工；要机械施工就必须使建造装配化；要实现建造装配化就必须将构件在工厂预制；要预制就必须使构件的类型、规格尽可能少，并且要规格统一，趋向标准化。简单分析就是，为了实现大规模和高速度的建筑生产，人们必须追求标准化和工业化。这不仅是一个技术上的改变，也是整个建筑行业的必然发展趋势。标准化意味着人们需要制定一系列统一的规则和规范，工业化则需要人们利用这些规范，采用机械施工，从而提高施工效率。

装配式建筑在现代推广的过程中也遭遇了一些挑战，其中最大的问题就是成本。根据北京市住建委、发改委联合发布的《关于确认保障性住房实施住宅产业化增量成本的通知》，并结合上海市和深圳市等工程项目的实践案例可知，采用不同装配式建筑结构体系和装配率，装配式建筑的成本增量约在 6% 和 12% 之间，这种增加的成本主要来自设计和构件的费用。装配式建筑与传统的现浇建筑相比，需要提前设计和预制，这个过程需要大量的技术和资金投入。但这一问题很有可能在不久的将来得到彻底的解决，因为随着技术的发展和经验的积累，装配式建筑的标准化和工业化水平必将得到进一步的提高，从而大幅度降低成本。

标准化设计是提高装配式建筑质量、效率、效益的重要手段，是建筑设计、生产、施工、管理之间技术协同的桥梁，是装配式建筑在生产活动中能够高效运行的保障，是实现设计标准化、生产工厂化、施工装配化、装修一体化、管理信息化的必经之路。[①] 标准化设计是一个系统化的过程，它能在重复性和统一性的基础上，对事物与概念制定和实施某种秩序和规则，以确保设计输出的一致性和可预见性。该过程旨在为多种情境和应用场景制定共同且可重复使用的规定，强调秩序性与效率，同时考虑到功能性与用户的实际需求，使设计在实现基本目标的同时，能有效地适应和满足各种特定环境和条件。

二、装配式建筑标准化设计的原则

标准化设计是一种方法，即采用标准化的部品部件，形成标准化的模块，进而组合成标准化的楼栋，然后在部品部件、功能模块、单元楼栋等层面上进

---

① 仝非非. 建筑设计的模块化探研 [D]. 郑州：郑州大学，2013.

行不同组合，形成多样化的建筑成品。装配式建筑标准化设计的基本原则是建筑、结构、机电、内装一体化以及设计、加工、装配一体化，具体原则包括模数化、模块化、少规格、多组合。[①] 模数化是标准化的一种形式，它以通用性为目的，能够实现产品的标准化，是标准化的基础。装配式建筑如果缺失了建筑模数，就不可能实现标准化。模数化的目的是实现建筑部件的通用性及互换性，在实际应用中，工程师往往通过"优先尺寸"来构建建筑的模数控制系统。[②] 模块化是指不同的部品部件经过模数化处理，按照"少规格、多组合"的原则，再根据"优先尺寸"按照模数进行增加或缩短，从而实现建筑模块的多样性，形成具有一定模数的满足建筑功能要求的建筑模块。"少规格"的目的是提高生产效率，减少工程的复杂程度，降低管理难度和模具成本，为专业之间、企业之间的协作提供一个相对较好的条件。"多组合"要求以少量的部品部件组合成多样化的产品，以满足不同的使用需求。装配式中小学建筑包含建筑主体、外围护墙、内隔墙、装修、设备管线、信息化应用等，涉及建筑、结构、电气、智能化、暖通、给排水、内装等与建筑相关的各个专业。换言之，标准化设计就是协同各专业，以模块为基础，采用"少规格、多组合"的原则，指导并完成施工图的设计。

（一）模数和模数协调原则

在装配式建筑中，模数与模数协调原则是一个核心的设计与制造哲学，它为装配式建筑提供了一个统一、和谐且高效的基础。模数化不仅是建筑实现工业化的重要基础，还是装配式建筑取得成功的关键。在装配式建筑设计过程中，设计人员通过建筑模数协调、功能模块协同、套型模块组合等方式，可以设计出一系列既满足建筑功能要求，又形式多样的装配式建筑产品。模数化意味着所有的建筑预制构件在设计和制造过程中都应遵循一定的尺寸和比例标准，以确保它们在制作完成之后可以轻松地完成组装。换言之，无论是建筑的外部还是内部，都会形成一个统一的、和谐的、标准化的外观和体验。模数是一个标准化的尺寸单位，通常用于定义构件的尺寸和位置，在建筑构建上为建

---

① 齐政，于重阳. 装配式建筑标准化设计方法工程应用研究 [J]. 工程技术研究，2020，5（6）：220-221.

② 樊则森. 从设计到建成：装配式建筑 20 讲 [M]. 北京：机械工业出版社，2018：75-76.

筑行业提供了一种全新的方式，能够确保不同的建筑构件或部分在安装过程中保持一致且无缝地连接在一起。简单地说，模数就是一种用于确保各种建筑元素互换性和兼容性的标准化方法。

在现代模数理论中，"模数"一词包含两层含义：一个是"尺寸单位"，是比例尺的比例，其他尺寸数值都是它的倍数，如 1 M=100 mm；另一个是指形成一组数值群的规则。研究者曾想用各种数列来表达建筑模数的生成规则，如自然数列、等差数列、等比数列等，多数建筑模数的生成规则都是多个数列的复合体。作为尺寸单位的模数的取值应该足够小，以便确保各种用途的小型部品在选用时具有必要的灵活性；还应该足够大，这样可以进一步简化各种大型部品的数目。目前，国际标准化组织（international organization for standardization, ISO）的模数标准采用的是基本模数（1 M）和扩大模数（6 M 和 12 M）的等差数列的形式。同时，为了方便不同规模部品的选择，不同种类部品的模数尺寸选择有上下限的推荐。

对于装配式建筑而言，模数化设计的意义重大，它不仅能够确保建筑构件的一致性和标准化，还能为设计师和工程师提供一个框架，既能保证批量生产和仓储，又能确保整个建筑过程的流畅性和效率。模数化设计可以生产出装配式建筑所需的一系列标准化构件，这意味着更少的浪费和更高的材料使用效率。建筑构件的模数化设计还可以保证构件的一致性，可以在构件出现问题时轻松、快速地完成维修或替换，大大延长装配式建筑的寿命。更重要的是，当所有部分都遵循相同的模数时，它们不仅能在功能上实现相互协作，在视觉上也能形成一个和谐统一的整体，保证装配式建筑既实用又美观。

1. 平面设计的模数协调

在设计平面时，设计人员必须首先考虑如何最有效地利用模数来确保灵活性与一致性的平衡。我国在建筑平面设计中的间隔与深度尺寸经常采用 3 M（300 mm）作为标准，这无疑限制了设计的灵活性与多样性。为适应更多样化的设计需求，现在的趋势是采用 2 M（200 mm）或 3 M（300 mm）。特别是对于装配式住宅，考虑到我国墙体的实际厚度以及装配式整体剪力墙住宅的特点，2 M+3 M（或 1 M、2 M、3 M）的模数组合成为首选，能够确保平面功能布局的灵活性以及模数网格的协调性。

2. 高度设计的模数协调

在设计高度时，高度的模数协调同样重要，尤其是在选择部件和确保整体设计和谐的过程中。在装配式建筑中，层高设计应当严格遵循模数协调原则，确保所有部分都能在模数的指导下保持统一。一般情况下，层高和室内净高的尺寸间隔为 1 M，而所选的优先尺寸应该与当地的经济状况和制造能力相匹配。尺寸的选择越多，设计的灵活性越大，但部品的标准化程度越高，部件的选择范围就越可能受到限制。为了在经济效益和多样性之间取得平衡，在装配式住宅的设计中，开间尺寸通常选择 $3n$ M 和 $2n$ M，深度选择 $1n$ M，高度选择 $0.5n$ M（n 为倍数）。

立面高度是预制构件和部品规格尺寸的关键，在立面设计中也需要遵循建筑模数的协调原则。通过确定合理的设计参数，立面高度可以确保在建筑过程中实现功能、质量和经济效益的最优化。室内净高的计算应基于地面装修完成面和吊顶完成面，以满足模数空间高度的要求。为了实现建筑垂直方向的模数协调，并达到可变、可改和可更新的目标，设计人员需要设计出满足模数要求的层高。此外，各种建筑的层高还必须满足关于建筑净高（层高）的相关规定和要求。

3. 构造节点的模数协调

在装配式建筑中，构造节点扮演着核心的角色，它是整个建筑各个构件和部品的连接点，承担着将各种构件和部品整合为一个连贯整体的重任。这就意味着，构造节点更要遵循建筑模数协调原则，因为构造节点只有遵循模数协调原则，才能实现节点的标准化，才能大大提高构件或部品的通用性和互换性，为装配式建筑提供巨大的便利。

在考虑各种构件（部品）如何组合时，设计人员必须清晰地确定每个构件的尺寸和位置。这样，从设计到制造再到安装，每一个环节都能简单、有效地进行，确保装配式建筑设计的精确性、高效性和经济性都得到满足。为了满足这些需求，设计人员可以采用分模数为 1/10 M、1/5 M 和 1/2 M 的数列，这些分模数主要应用于建筑的缝隙、构造节点和构件的截面尺寸。一般来说，建筑的设计不建议使用分模数来确定模数化网格的具体距离，但设计人员可以根据需要使用分模数来确定模数化网格的平移距离。

但是，仅仅考虑构件和部品的组合还远远不够。无论是结构、配件，还是机电管线，甚至是建筑的装饰点位控制，都必须经过全面而细致的考虑。为了满足工业化制造的需求，设计人员必须对设计、生产和施工进行整合和一体化的探索，这意味着建筑设计需要从传统的粗放式建筑方式转变为更为精细和高效的建筑模式。这种转变是建筑模数原则的完美体现，也为现代建筑带来了一定的优势和机会。

随着社会的不断发展以及科技的不断进步，模数化设计已经实现了进一步的加强和扩展。例如，现代的 CAD 技术和 3D 打印技术可以使那些复杂的模数设计成为可能，这种高度的精确度和自定义能力意味着即使是最复杂的装配式建筑也能够准确、迅速地制造出来。如今，装配式建筑越来越受到人们的喜爱和接受，模数与模数协调原则的重要性也日益显现。未来的模数化设计必将会在更多的领域得到应用，并在建筑材料和设计技术的发展下为建筑行业带来更多的机会和挑战。

（二）"少规格、多组合"原则

《装配式混凝土结构技术规程》（JGJ 1—2014）中有明确规定：装配式建筑设计应遵循少规格、多组合的原则。[①] 由此可见，"少规格、多组合"是装配式建筑设计的重要原则。

所谓的"少规格"指的是在设计和生产装配式建筑预制构件时需要尽可能减少构件的规格种类，简化生产流程，提高构件模板的重复使用率。标准化的规格可以有效地降低生产成本，提高生产效率，减少库存，简化物流和供应链管理。少规格意味着在设计和制造过程中有更少的变量，这有助于优化生产过程，提高构件的质量和一致性，设计和生产出通用的规格，既能节约成本，又能方便后期的维护和替换。

"多组合"指的是在保持预制构件规格不变的情况下，通过变化组合方式，形成满足不同使用需求的多样化的建筑产品，为建筑师和设计师提供更广泛的设计选择。这种方法不仅能够提供设计的灵活性，还能确保构件的高重复使用率，进一步提高经济效益。

---

① 中华人民共和国住房和城乡建设部. 装配式混凝土结构设计规程：JGJ 1—2014[S]. 北京：中国建筑工业出版社，2014：3.

在现代装配建筑领域，"少规格、多组合"的设计原则被认为是一个理念的转变，它可以解决建筑行业长期以来存在的低效率、高成本和资源浪费等一系列问题，为当代的许多设计师和建筑师提供了一种必须遵循的设计和生产哲学。起初，建筑行业中存在一种普遍的认知，即想要达到丰富多样的设计效果，就必须生产和使用大量不同规格的构件。这种方法在实际应用中很容易导致各种形式的浪费，既增加了成本，又没有效率。基于此，建筑行业内部逐渐生出改革的呼声，务必寻求一种更为经济、高效且可持续的方法，"少规格、多组合"的原则就是在这种基础之上诞生的。这一原则的提出对设计师提出了更高的要求，挑战了设计师的创造力，要求他们必须在有限的构件规格内创造出丰富多样的设计方案，即花费更少的资源创作更能满足项目需求的、更多样化的建筑，不仅大大提升了整体的建筑效率，还实现了资源的最大化利用。

对生产厂家来讲，这一原则的提出同样有很大的帮助。规格少意味着模板少，厂家就可以进行集中化生产，实现更高的生产效率、更低的成本和更少的浪费，并且生产出来的零件还可以用于建筑后期的维护和替换，降低库房积压，节约资源。对建筑行业来讲，这一原则不仅可以提高建筑效率，还能延长建筑的使用寿命，为建筑行业的未来发展提供全新的方向。

1. 建立标准构件库

如今的中小学建筑为了更好地满足教育的特性和学校的功能要求，逐渐转向模块化和预制化的建筑方式。这种转变反映了建立一个适用于中小学的标准构件库的必要性，这个库能够为装配式中小学建筑提供一系列通用和可互换的构件，方便它们进行灵活地组合，以满足不同学校和地区的需求。

学校建筑常用的基础构件有墙板、楼板、梁、柱等，这些构件的选择需要考虑厚度、长度、高度及材料，并结合建筑的教学需求和功能空间需求来决定。其中，墙板是所有学校建筑的主要构件，是学校建筑的外在表现；楼板同样是学校建筑的基础构件，主要用于构建楼层间的隔断；梁和柱是学校建筑的主要结构构件，能够提供建筑所需的支撑和稳定性。

在设计和生产以上基础构件时，保持较少的规格尺寸不仅可以实现构件的通用化，方便构件的大规模生产，还能使楼内大部分功能房间趋于统一化和标准化。例如，当墙板只有一种或两种尺寸时，不同功能房间的进深开间尺寸都将相同，这虽然会在一定程度上降低建筑产品的多样性和个性化，影响人对建筑的使用感受，但能更好地满足教室的使用需求。标准化的空间并不意味着空间户型千篇一律，设计师可以通过确定标准构件的种类，将其进行各种各样的组合，以实现不同空间的多样性，在精细化和通用化之间达到一个折中的效果。这样的空间设计兼备灵活性与实用性，能够满足市场的需求，减少预制构件的种类和数量，满足工业化生产的要求。此外，为了确保各种构件能够精确且稳定地组合在一起，设计人员还需要考虑将各种构件连接在一起的各式各样的连接构件和装配构件（如螺栓、螺母和连接板等），这些构件的规格样式越少，代表建筑的整体性越好。

2. 建立标准模块库

除上述基础构件外，中小学建筑还需考虑教育环境，为学生创建一个能鼓励学习、安全且具有吸引力的空间，或带有特定功能的空间。为了满足这些需求，模块化设计成为一个强有力的工具，可以帮助建筑师和设计师更高效地创造适应性强、功能丰富且经济的教育设施。

设计人员可以建立一个中小学建筑的模块库，其中包括适用于各种教育功能的预制模块。例如，标准教室模块的设计要考虑学生的人数、桌椅的布置、技术设备的安装、采光和通风等因素，确保为学生创造良好的学习环境，提供适宜的学习条件；实验室模块的设计需要考虑生物、化学、物理等学科的特性，尽可能安装符合学科特性的教学设施，在满足实验教学需求的同时，考虑实验安全；为了促进学生之间的互动和团队合作，设计人员可以设计集体活动室或小组学习室模块；中小学的行政和服务功能也很重要，因此办公室、会议室、卫生间、医务室和食堂等模块都是必不可少的；文体活动是学生日常生活的重要组成部分，因此体育馆、艺术教室和音乐室等模块也应包括在内；为了满足学生的阅读和学习需求，图书馆和多功能厅模块的设计也显得十分重要。以上这些空间模块的设计不仅需要满足空间最基本的功能需求，还要考虑到教学设备、通风和采光等问题。

此外，随着时代的发展，数字化技术越来越先进，各式各样的建筑设计软件可以帮助现代设计师提前模拟和测试各种构件的自由组合，确保在实际施工中能够高效地执行。这种数字化设计方法进一步推动了"少规格、多组合"原则的广泛应用。

（三）两个一体化原则

装配式建筑是将传统的分散设计和建设流程整合为一个高度标准化和系统化的过程。因此，装配式建筑标准化设计要坚持"建筑、结构、机电、内装"一体化和"设计、加工、装配"一体化原则。

1. 建筑、结构、机电、内装一体化

传统的建筑方式一般会将建筑、结构、机电和内装视为相互独立的部分，每一部分都是单独进行设计和施工的，施工周期比较长，成本高，并且会消耗大量的资源。但在装配式建筑中，建筑、结构、机电和内装环节都可以在设计阶段进行整合，实现整个建筑系统的协同工作和优化。这一点在中小学装配式建筑设计中显得尤为重要。学校建筑并不是教室和办公室的简单组合，而是一个复杂的生态系统，包括各种各样的功能区（如实验室、体育馆、图书馆和餐饮区等），这就要求建筑设计师要从最初的设计阶段开始，全方位地考虑如何将这些不同的功能区以及相应的设施和服务整合到一个协同的设计中，并保持同步开展。

在现代装配式建筑设计中，"建筑、结构、机电、内装"一体化原则提出了一个跨学科的综合协同要求，确保了从构思到完成的每个环节都能够紧密结合，最终为用户提供一个安全、舒适和功能性强的空间。人们谈及的建筑并不是一个有着吸引人外观的钢筋混凝土结构，而是一个有着各种空间、可以实现各种功能的生活和工作的场所。为了实现这一目标，建筑设计师必须与其他领域的专家（如结构工程师、机电工程师和内装设计师）紧密合作，他们需要认识到自己创建的并不仅仅是一个外观上吸引人的建筑，而是一个有着稳定的内部结构、优良的设备运行情况、和谐统一的内部装饰的整体空间。

对任何建筑而言，建筑结构的稳定性和安全性都是至关重要的，是建筑存在的基础，中小学建筑也不例外。建筑的结构不仅是一个外壳和钢筋铁骨，还是一个能够承载和保护内部人员进行活动的坚固结构。中小学生是我们国家和社会的未来，保证他们的安全和健康成长是首要任务。因此，装配式建筑中的结构设计必须确保建筑既能抵御常见的环境威胁（如地震、风暴和火灾），又

能满足长期使用中的耐久性和可维护性要求。在装配式建筑中，预制的结构元素可以在工厂中被精确制造，然后被运到施工现场进行组装。这就要求设计师在设计过程中考虑如何实现部件的精确匹配，同时确保施工现场的装配过程既快速又高效。

机电系统包括供电系统、供暖系统、通风系统和空调系统等，是整个建筑的内在"生命线"，能够确保建筑物内部的每一个空间满足人们的生活和工作需求。对于学校这样的大型公共建筑来说，机电系统的设计和运行效率直接关系到学生和教职工的舒适度和健康，从供电到供暖，从通风到空调，机电系统的设计和实施必须与建筑和结构设计完美融合，以确保系统的高效运行和长期可靠。

内装是建筑建造完成后的最后一步，它对于建筑物的整体感受和使用功能至关重要。无论是地板、墙面还是天花板，内装设计必须与建筑的其他部分紧密结合，最终为用户创造一个既美观又舒适的空间。对学生而言，在一个明亮、现代、舒适的环境中学习，比在一个昏暗、过时、艰苦的环境中学习更加惬意，也更加高效。此外，装配式建筑中的内装设计还要考虑到教育的特殊需求，选择耐用、安全、功能性强的材料和家具。

装配式建筑的"建筑、结构、机电、内装"一体化原则反映了现代建筑设计的一个重要趋势，即跨学科的综合协同。在这种模式下，建筑不再是孤立的，而是一个由多个领域的专家共同创造的综合体，每一个细节都为用户提供了最大的价值。

2. 设计、加工、装配一体化

"设计、加工、装配"一体化原则是装配式建筑领域的核心思想之一，涉及从建筑的设计到实际施工、装配的所有过程，关注的是装配式建筑的整个流程，能够确保建筑的所有组件和阶段的协同工作，保证各个环节的顺畅衔接，提高效率、降低成本、优化质量。在传统的建筑方法中，设计和施工一般都是分开的，但在装配式建筑中，两者却是紧密相连的。这意味着，在设计阶段，建筑师和工程师需要共同考虑到后续的加工和装配过程，确保设计方案能够在实际施工中得到高效、经济的实现。

对装配式建筑来讲，设计至关重要，因为它是整个项目的基础。设计不仅是对建筑外观的规划，更是对建筑的功能、结构和效率的综合考虑。设计师在设计时需要考虑到后续的加工和装配阶段，确保所设计的所有部件或模块可以方便地进行生产和组装。这就要求设计师不仅要有深厚的建筑设计知识，还要对材料、生产工艺和施工方法有足够的了解。

加工阶段是装配式建筑中的关键环节，装配式建筑与传统的现场施工相比，最显著的特点就是依赖工厂中生产的预制部件。这些预制部件不仅有着相同的结构、质量，还会因生产自动化和标准化有着较高的生产效率，因此加工阶段的自动化尤为重要。此外，由于预制部件一般是在工厂中制造完成后运输到施工现场进行组装的，因此加工人员在加工过程中需要充分考虑预制部件的尺寸、重量和包装方式，以确保部件能够平稳、顺利地完成运输和后续的装配。

装配阶段是将在工厂预制的部件或模块按照设计图纸进行组合，从而构建出完整的建筑。这一阶段不仅要求预制部件具备极高的精确度，还要求安装人员具备极强的协同性，任何一个小的失误都可能导致整个建筑安装进度被拖延，甚至会导致整个建筑的安装出现失败。这就要求施工团队必须对预制部件有足够的了解，并且拥有娴熟的装配技术和经验。此外，因为装配式建筑的施工现场只需要对预制部件进行装配，所以现场的施工往往比传统的施工要快得多，能够大大节约施工时间。

"设计、加工、装配"一体化原则要求各个阶段的工作人员都要紧密合作，共同为建筑项目的成功贡献自己的力量，从而确保装配式建筑的高效、经济和安全可靠。从这个角度讲，"设计、加工、装配"一体化原则不仅是一种技术或方法，更是一种思维方式，它强调从整体出发，注重各个环节的协同和整合。

三、装配式建筑标准化设计的方法

（一）系统集成设计

近年来，装配式建筑逐渐成为建筑行业的发展趋势，但实际效果却不尽如人意，主要原因在于各种技术要素均处于碎片化、割裂、离散状态，缺乏系统性。建筑设计师作出的设计只能满足规范要求，不能完整展现建筑的整体性，无法满足预制构件的生产和施工要求。此种情况下，人们不得不寻找全新的、体现系统性和集成性的、为建筑建造全过程服务的全新设计方法。系统集成设计就是在这样的背景下诞生的，它是以系统集成的方法实现建筑全生命周期的可持续发展，以及建筑、结构、机电、装修和设计、生产、装配的一体化，这种设计思想成为实现建筑工艺优化与效益最大化的关键。换言之，系统集成设计不仅是一种简单的设计方法，它还涉及从构想、规划到实际施工的整个过程，要求从最初的项目阶段就对整体进行全面、细致的考虑，这样不仅能确保项目的顺利进行，还能确保建筑物最终的质量和功能。

1. 深入的需求分析

要想实施系统集成设计，首先要做的就是进行全面且深入的需求分析，即对建筑物的各种功能、预期的使用情况、结构需求以及与所处环境的关系进行详细考察，为后续的设计提供明确的方向和依据，减少不必要的修改和调整。例如，建筑物的定位是办公楼还是住宅？它的使用人群是什么？需要满足哪些特定的功能和设施？周边的建筑和环境对它有哪些影响？等等。

2. 模块的识别与定义

在全面了解建筑的需求之后，接下来要做的就是识别和定义可以标准化和模块化的建筑部分，这个环节是系统集成设计的核心环节。通过识别和定义标准化模块，设计师不仅可以作出更合理、更完美的设计，保证建筑各个模块之间的一致性和和谐性，还可以大大提高建筑工程的施工效率。例如，设计师可以对建筑的墙面、地板、天花板等基础部分进行识别和定义，然后根据这些基础部分定义出标准化的模块，最后按照定义好的模块进行设计、生产和施工；此外，设计师还可以对窗户、门等具有特定功能的部件进行定义，制成标准化的模块。

3. 接口设计

为了确保定义的各个建筑模块能够在施工过程中完美结合，设计师必须对模块进行精确的接口设计，这一步同样关键。标准化的接口设计意味着每个模块之间的接口都应该是统一的和标准的，这样可以确保在装配过程中各个模块的连接是紧密且稳定的。标准化的接口设计可以大大提高装配的效率，同时确保建筑物的稳定性和安全性。

4. 技术与材料的选择

为了保证建筑物的最终质量、效率和持久性，在完成一系列设计工作后，技术与材料的选择成为必须考虑的问题。具体做法就是根据前面的设计需求和目标需要选择最合适的技术和材料。在选择时，设计师除了要考虑技术和材料的性能，还要充分考虑施工的难易度以及长期的维护和使用成本。

（二）各专业一体化协同

装配式建筑作为现代建筑技术的代表，依赖多个专业领域的紧密协作。在这样的背景下，各专业一体化协同设计成为确保项目质量与效率的关键环节，这种设计理念并不是一个简单的工作流程，而是一个将各种专业知识、专业技能和资源整合在一起的具体策略，可以大大提升装配效率以及装配式建筑的整体性能。

1. 沟通与合作

在装配式建筑项目中，为了确保信息的顺畅流通和共享，团队的沟通与合作必不可少，所以建立有效的沟通机制至关重要。这种沟通不仅要有定期的团队会议，以确保每个成员都能了解项目的进展和任务，还应该包括在线协作平台和工具，这样可以保证团队成员即使在不同的地点开展工作，也能够进行实时的沟通和协作。这种有效的沟通可以确保各专业领域的专家都能够为项目做贡献，同时避免因信息不对称导致的误解和冲突。

2. 共享设计平台

随着技术的进步，共享设计平台（如 BIM）已经成为建筑行业的标准。这种集成化的设计软件和工具可以让不同专业领域的设计师在同一个平台上进行设计和模拟，不仅可以确保设计的一致性和完整性，还可以让设计师在设计初期就发现并解决潜在的问题。例如，结构工程师可以在设计初期与室内设计师进行友好沟通，确保建筑结构和室内空间的和谐。

3. 整合专业知识

为了确保建筑的功能、安全和美观，装配式建筑需要整合各个专业领域的知识和经验，如结构工程、机电、室内设计等。这就意味着装配式建筑在设计阶段需要集成各个领域的专家，充分运用他们的知识和经验，为整个建筑项目贡献价值。这种整合不仅可以提高建筑的性能，还可以避免因某一领域的忽略而导致的后期修改和调整。

4. 冲突检测与解决

多专业的协同设计可能会由于不同领域的专家对某一问题的不同看法或由于某些设计决策，导致各种冲突的出现。为了确保项目的顺利进行，装配式建筑的设计必须使用合理的工具和方法对出现冲突的领域进行全面检测，并及时得出解决方案，这样既可以保证设计的完整性，又可以减少现场的调整和更改，从而提高工程的效率和质量。

（三）全过程一体化协同

装配式建筑中的全过程一体化协同设计理念强调了从项目的概念开始，直至建筑完工并进入使用阶段的全方位整合。这种方法旨在确保每一个阶段都有明确的目标，且这些目标在整个项目的大方向上是保持一致的。为了深入了解这一设计理念在建筑实践中的细节，下面是对其关键环节的深入探讨。

1. 前期规划与预算的细化

在项目的初始阶段，详细的规划必不可少，如建筑定位、建筑成本、施工时间表、土地使用效率、预期的市场需求等。设计师在制定预算时，不仅要考虑建筑成本，还需要提前预测可能出现的未知风险和未知因素，为可能出现的变数做好充分的准备。例如，施工时间表的确定可以确保各个阶段的工作都有明确的时间限制，防止因时间压力导致的质量折损。

2. 设计与模拟

BIM 等现代技术为建筑设计和模拟提供了便利，不仅能进行基本的建筑模型设计，还可以进行能效分析、人流模拟、光线与通风分析等，保证设计的合理性和实用性。当然，这些设计需要各专业的专家密切合作，保证从设计到施工再到装修全过程的完整性和一致性。

3. 生产与采购

装配式建筑的核心优势就对是预制部件的使用，但这种预制部件的生产和制造需要与可靠的供应商建立稳固的合作关系，确保材料和部件的质量以及供应稳定性。此外，材料的可持续性也是需要考虑的因素，确保达到现代绿色建筑的标准。

4. 现场装配与施工

虽然装配式建筑在一定程度上简化了现场施工的难度，但如何减少预制部件运输过程的折损、如何确保预制部件的准确装配、如何处理现场的突发情况、如何确保施工安全等都是必须面对的问题，为了保证现场装配和施工的准确，制定详细的施工计划和应急预案是很有必要的。

5. 质量控制与验收

装配式建筑的质量直接关系到建筑的安全和使用寿命，所以建筑的质量控制不能局限于施工结束后的验收阶段，而应贯穿整个建设过程，通过持续的质量监控和定期的检查，确保建筑建造的每一个环节都达到预定标准。

6. 后期运营与维护

考虑到建筑的使用功能、预期的使用寿命、可能的维护需求等，设计师需要在设计阶段就为后期运营做好充分的准备。

第三节 装配式建筑标准化设计的要点

装配式建筑注重工业化思维，目的是通过模块化和标准化实现高效、快速和质量可控的建设。为确保结构布局的有效性，建筑的主体结构应简洁有序，避免过多的平面设计变化，优先采用广泛的空间布局。装配式建筑的关键在于其部件能够在工厂流水线上批量生产，这就需要设计师在设计初期就确定所有部件的标准尺寸和模块化规格。进一步而言，设计师在设计阶段应考虑到每个部件的生产、运输和现场安装的实际情况，以确保生产的构件满足建筑需求，能够顺利安装。此外，施工图纸是装配式建筑的关键，它包含着主构件和内部装饰部件的所有相关信息（如规格、种类、加工细节、连接方式以及与设备管道的交互关系等），设计师必须对其提起重视。为保证构件的质量和适应性，设计师在设计时应当充分考虑到构件生产和施工过程中可能出现的公差和误差。

在具体的实施过程中，有以下几个核心要点需要特别关注。

第一，预制部分的计算书。设计师应审核有关预制部分的建筑专业完整计算书，计算书的内容应重点审查预制外墙不计入建筑面积的计算结果和预制外墙展开面积占比的结果是否满足相关要求。

第二，建筑节能计算书。除一般的节能计算书审查要点外，设计师应重点审查节能计算书中与装配式建筑连接构造相关的冷热桥部分的处理是否与图纸相符。

第三，设计说明。设计师需要审查的内容包括：项目概况是否明确规定了本工程中装配式建筑的范围、规模、主要的技术体系和预制构件的部位等；当项目享受建筑面积豁免时，按规定不计入建筑面积的预制部分面积是否明确表达；建筑面积后是否有"不包含按规定不计入建筑面积的预制外墙或叠合外墙的预制部分面积×××平方米"字样；节能设计说明部分是否对装配式建筑采用的保温体系、保温材料的种类和厚度、构造做法等进行了重点说明。

第四，图纸深度。主要审查的是图纸深度是否满足国家有关建筑施工图设计深度的要求。

一、总平面设计

装配式建筑在规划设计中与传统施工截然不同，主要区别包括大量预制的结构部件的安装和其他组件的堆放与调度。预制构件的临时堆放空间不仅要考虑构件的数量和大小，还要考虑构件安装时吊装和运输的便利性，这些应在规划阶段就提前预留。为了保证建筑效率，起重机械的选择和位置设置是前期工作的关键，设计师需要结合起重机械的布局设计施工现场的运输道路，保证构件能够顺利、安全地从堆放地转移到施工地。场地布局必须考虑对已有结构（如地下室、井台）的影响，确保堆放区域的位置与重载区域的本来作用相匹配。例如，当构件堆放在消防通道和绿化覆土区的，这些场地应具有构件堆放的承载力，保证部件受力均匀，确保结构的稳定性和经济性。此外，堆放场地的铺装设计应便于之后的拆除和重复使用。施工现场的规划设计还要充分考虑部件的生产和运输，即场地应尽可能接近预制工厂，且交通发达，保证运输的便利性，以便于大型部件能够顺利进出施工现场。

二、平面设计

装配式建筑的平面设计不仅可以确保建筑的功能性和效率，还会对整个建筑过程起到关键的指导作用。一个好的平面设计首先要满足用户的功能需求，为了实现这一点，建筑设计师需要综合考虑建筑空间的布局，以实现最大化的空间效益。一般情况下，最理想的平面布局应该是一个规整的、大空间的平面，因为这类平面可以提供更多的灵活性，并为后续的施工提供便利，楼栋的体形宜采用"一"形、"L"形、"U"形、"口"形、"E"形等。然后，设计师需要以建筑平面为基础进行标准化和模块化设计，同系列功能模块间应具备逻辑及衍生关系，预留统一的标准化接口。这种设计方法不仅可以简化生产和安装过程，还可以确保建筑的各个空间拥有相同的质量和外观，建筑设计师可以选择在模数协调的基础上进行设计，以确保每个建筑空间都能精确地匹配。

装配式中小学建筑的平面设计方法可以归纳为以下几步：第一，将建筑的各类使用空间进行类型划分，分为大、中、小三个单元模块；第二，确定各个单元模块的尺寸模数，在单元模块内进行标准化设计；第三，通过模数协调原则，协调各个单元模块的模数序列，在几个单元模块间建立模数关联；第四，通过单元模块化集成空间组织方式，实现建筑从单元到整体的过程。

对装配式建筑来讲，承重墙、柱等关键的承重构件的布局同样至关重要，它们是维持建筑结构完整和稳定的核心。为了确保装配式建筑的使用寿命，主体结构的布局应当简洁明了，承重墙体应该上下贯通，避免过大的凸出部分，而且需要考虑承重构件与设备管线等设施的集成。通常情况下，这些管线的布置应该是集中的、紧凑的，并尽量使用最小的空间。此外，建筑平面设计还应适当增加凸凹变化，变化幅度应该保持最小，以确保建筑的整体均匀性和规整性。

三、立面设计

（一）外墙一体化设计

装配式建筑的围护结构（即外墙）的设计需要综合考虑多种因素，如主体结构的特性、建筑所处地区的气候特征等。对装配式建筑来讲，选择适当的围护结构类型和装配水平是至关重要的。如果建筑为钢筋混凝土结构，其预制外墙的外观细节（如立面划分、颜色以及材料的纹理和质感等）都需要仔细斟酌，确保其满足建筑的多样性和经济审美需求。此外，设计师在设计预制外墙时应尽可能使用高耐久性的建筑材料，同时要满足模块化和工厂化生产的标准，以便于后期的施工和安装。

外墙一体化技术集成了抹灰、防水、保温、隔热以及装饰等一系列建筑必要的环节，并保证这些环节可以在一个施工步骤中一次性完成。这意味着建筑的许多材料都可以在工厂进行预制，大大减少了现场施工中因人为错误产生的问题，能节约建筑材料，提高建筑品质，还可以大大缩短施工周期，降低成本，实现更高程度的建筑工厂化和一体化。

在设计装配式混凝土结构的预制外墙板时，接缝、门窗位置等特殊部位的设计都应综合考虑工程、材料、构造和施工条件，确保其满足结构、热工、防水、防火、耐久性及建筑装饰的要求，尤其在接缝等容易出现泄漏的地方，设计师应结合材料、构造和结构的防水技术进行重点设计。对装配式建筑来讲，预制外墙的门窗框可以在工厂生产，钢筋混凝土预制外墙的装饰面也可以在工厂进行预制，有效避免了后期的贴砖或挂石。为了满足建筑的防火要求，预制外墙与其他结构元素（如梁、板、柱）的连接处所使用的填充材料应为不燃材料。

装配式建筑的外挂墙板一般都是预制的混凝土墙板，主要起围护和装饰作用。为保证外挂墙板与主体结构的稳定连接，设计师通常会通过预埋零件或预留钢筋的方式来完成连接，同时确保满足结构层间的位移规定。这样的连接方式要求连接件本身具有良好的耐久性，这样才能保证连接的可靠性。为实现装配式建筑的标准化，建筑的门窗应当选择规格相同的产品，并确保门窗与墙体之间的紧密连接，连接处应使用密封胶进行封闭，确保连接处拥有极佳的防水性能。在传统的现浇混凝土结构建筑当中，外围护墙一般是在主体结构完工后再使用砌块砌筑的，俗称二次墙。与之相比，使用预制的钢筋混凝土墙不仅可以节约时间，还能提高施工效率，设计师只需对墙体进行合理划分和设计，就可以将在工厂中预制好的外围护墙运至施工现场与主体结构同步施工，完成安装。

预制外挂墙板大多为单层混凝土板，但有时为了满足保温需要，人们会将保温层嵌入混凝土板内进行一体化预制，这样的墙板被称为夹芯墙板或三明治板，因为它是由两侧的预制混凝土板和中间的保温层组成的。在饰面选择上，预制外墙主要应用的是装饰混凝土、涂料、面砖、石材等耐久性强且难以被污染的材料，同时结合建筑的多样性立面设计和功能性需求，为整个装配式建筑打造独特的线条、纹理和色彩，能够展现混凝土的可塑性，极具装饰性。

建筑外墙的装饰构件应与外墙板的整体设计相结合，特别是与外墙板的连接处，其结构性、防水性以及热工性能都要重点关注。如果预制外墙选择了面砖或石材饰面，那么这些装饰构件最好在制造厂采用特定的预制工艺完成，避免在施工现场后期添加。当选择装饰混凝土为饰面时，设计师就需要在生产之前确认饰面表面的颜色、质地和设计等细节要求。

（二）创新设计

在当下的中国建筑领域，装配式混凝土建筑的功能和结构细节受到设计师的广泛重视，从装饰性构件的角度出发，前方仍有巨大的空间和潜力可以进行探索与创新。要想进一步推动装配式混凝土建筑的发展，设计师应以技术创新为出发点，不断丰富建筑的立面设计，加强结构性能，优化现场组装方法和预制生产方式。这就要求设计师从设计、预制、生产和现场安装等各个阶段进行细致且统一的管理与监督。

为了推动装配式混凝土建筑的发展，设计师可从以下三个方面着手。

第一，实现工业化与艺术的结合。装配式混凝土建筑构件具备标准化和批量化的特性，这正是其与工业化生产的紧密关联之处。

第二，注重连接节点的艺术性。在古典建筑中，连接节点往往被高度艺术化，很难发现其本来面目，如西方古典建筑中模仿忍冬草的科林斯柱头、模仿檩条的檐口齿状花纹以及中国传统建筑中退化为装饰构件的斗拱、雀替等。对于装配式混凝土建筑而言，连接节点不仅是实现连接功能的必然要求，也是结构之美的具体体现。连接节点的混凝土预制构件的楔口、榫卯等细部处理不仅可以展现力的传递与组合，还可以成为现代设计师对装配式建筑进行创新设计的重要元素。

第三，实现围护材料的创新。当今的复合围护材料为设计师提供了更多的表达可能性。无论是具有支撑功能的墙板，还是仅作为保温表皮的墙板，工业化的生产都为设计师带来了丰富的选择，这种新型围护结构的应用也成为工业化建筑构建中的关键环节。

四、建筑部品部件设计

建筑部品部件是具有相对独立功能的建筑产品，是由建筑材料、单项产品构成的部件和构件的总称，是构成成套技术和建筑体系的基础。部品集成是一个由多个小部品集成为单个大部品的过程，大部品可通过小部品不同的排列组合增加自身的自由度和多样性。部品的集成化不仅可以实现标准化和多样化的统一，还可以带动住宅建设技术的集成。

建筑部品是构成装配式建筑成品最基本的组成部分，建筑部品的主要特征首先体现在标准化、系列化和规模化生产上，并向通用化方向发展；其次，建筑部品通过与材料制品、施工工具、技术文件相结合，可形成成套技术。

建筑部品化是建筑建造的一个非常重要的发展趋势，是建筑产品标准化生产的成熟阶段。今后的建筑建设会改变以前以现场为中心进行加工生产的局面，逐步采用大量工厂化生产的标准化部品进行现场组装作业，如经过整体设计、配套生产、组装完善的整体厨卫产品以及在工厂里加工制作完成的门窗等。

相对于建筑部品而言，建筑部件则由若干个装配在一起的建筑配件（如扶手、栏板、栏杆等）组成，这些建筑配件先被装配成部件，然后进行总装配。因此，部品部件设计应符合标准化、通用化的原则，采用标准化接口提高互换性和通用性，其设计尺寸应满足模数要求。

装配式建筑部品部件的设计分为以下几类。

（一）楼板设计

装配式剪力墙建筑楼板宜采用规整统一的预制楼板，预制楼板需要做到标准化、模数化，尽量减少板型，节约造价。大尺寸的楼板能节省工时，提高效率，但要考虑运输、吊装和实际结构条件。需要降板的房间（如厨房、卫生间等）的位置及降板范围应结合结构的板跨、设备管线等因素进行设计，并为使用空间的自由分隔留有余地。连接节点的构造设计应分别满足结构、热工、防水、防火、保温、隔热、隔声及建筑造型设计等要求。

预制楼板一般分为空心楼板和叠合楼板等形式。对于空心楼板，水电管线可布置于空心楼板的空心孔洞之中，空心楼板的构造对上下层间的建筑隔声也十分有利。对于叠合楼板，结构预制叠合层厚度一般为 60 ～ 70 mm，电气设施在叠合层内进行预埋管线布线，保证叠合层内预埋电管布线的合理性和施工质量。叠合板由预制部分和现浇部分组成，预制部分的厚度一般不低于 60 mm，现浇部分由于需要考虑设备管线的敷设，厚度一般不低于 80 mm。暖通空调的给暖管、太阳能等一般布置在建筑垫层中，通过管线综合，保证管线布置的合理、经济和安全可靠。

（二）内隔断

1. 轻质条板内隔墙

轻质条板内隔墙常见的形式有玻璃增强水泥条板、纤维增强石膏板条板、轻集料混凝土条板、硅镁加气水泥条板和粉煤灰泡沫水泥条板五种。条板内隔墙适用于上下墙有结构梁板支撑的内隔墙，结构体（梁、板、柱、墙）之间应采用镀锌钢板卡固定，连接缝之间采用与各种类型条板配套的胶黏剂填充。

2. 轻钢龙骨内隔墙

轻钢龙骨内隔墙是装配式建筑常用的内隔墙系统之一。轻钢龙骨内隔墙是以轻钢龙骨为骨架，管线隐藏于龙骨中的空腔，内填岩棉的隔墙体系。轻钢龙骨内隔墙应满足非承重墙在构造和固定方面的设计要求，轻钢龙骨、纸面石膏板的外观质量应满足国家相关规范的要求。

（三）楼梯

混凝土预制楼梯能体现出工厂化预制便捷、高效、优质、节约的特点。楼梯有两跑楼梯和单跑剪刀楼梯等不同的形式，可采用的预制构件包括梯板、梯梁、平台板和防火分隔板等。预制平台应满足叠合楼盖的设计要求，预制楼梯宜采用清水混凝土饰面，并采取措施加强成品的饰面保护。预制楼梯构件应考虑楼梯梯段板的吊装、运输的临时结构支点，同时应考虑楼梯安装完成后的安装扶手所需的预埋件。楼梯踏步的防滑条、梯段下部的滴水线等细部构造应在工厂预制时一次成型，这样可以节省人工和材料成本，便于后期维护，节能增效。

（四）阳台、空调板、雨篷

阳台、空调板、雨篷等凸出外墙的装饰和功能构件作为室内外过渡的桥梁，是装配式建筑中不可忽视的一部分。传统阳台结构大部分为挑梁式、挑板式现浇钢筋混凝土结构，现场施工量较大，施工工期较长。装配式建筑中的阳台、空调板、雨篷等构件可在工厂进行预制，并作为系统集成以及技术配套整体部件被运至施工现场进行组装，施工迅速，可大大提高生产效率，保证工程质量。此外，预制阳台、空调板、雨篷等表面效果可以和模具表面一样平整或者有凹凸的肌理效果，其地面坡度和排水沟也可在工厂预制完成。

（五）整体卫生间

整体卫生间是装配式建筑内装部品中工业化技术的核心部品，应满足工业化生产及安装要求。这些模块化部品的制作和加工应全部实现工厂化，在工厂加工完成后运至现场，再用模块化的方式拼装完成，便于集成化建造。卫生间上下宜相邻布置，便于集中设置竖向管线、竖向通风道或机械通风装置，同层排水管线、通风管线和电气管线的连接均应在设计预留的空间内安装完成。整体卫浴地面完成高度应低于套内地面完成高度。整体卫浴应在给水排水、电气等系统预留的接口连接处设置检修口。

公共建筑的卫生间宜采用模块化、标准化的整体卫生间。卫生间（包括公共卫生间和住宅卫生间）通过架设架空地板或设置局部降板，可将户内的排水横管和排水支管铺设于住户自有空间内，实现同层排水和干式架空，以避免传统集合式住宅排水管线穿越楼板造成的房屋产权分界不明晰、噪声干扰、渗漏隐患、空间局限等问题。卫生间应考虑和主体建筑的构造做法、机电管线接口的标准化。

第三章 装配式中小学建筑结构标准化设计

第一节 装配式中小学建筑结构体系

一、框架结构体系

（一）框架结构的组成

中小学建筑需要满足建筑的大开间要求，且多为多层建筑，比较合适的结构形式为框架结构。[①] 框架结构是建筑中常见的结构形式之一，它是由梁、柱和楼板通过特定的节点连接组合而成的稳定体系，这种结构形式因其高效、经济和稳定性好等优点广受青睐。框架结构的节点根据建筑需求可分为刚接节点和铰接节点两种，如图 3-1 所示。有时因使用、工艺要求或建筑造型需要，框架结构也可能调整为局部抽柱、局部抽梁、内收和外挑的形式，如图 3-2 所示。

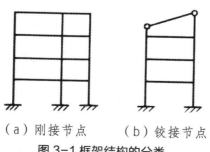

（a）刚接节点　　（b）铰接节点

图 3-1 框架结构的分类

---

① 张献萍，渠滔，白宪臣. 适应素质教育要求的中小学校建筑环境特征与设计原则 [J]. 河南大学学报（自然科学版），2010，40（5）：548-550.

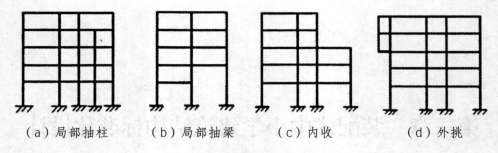

（a）局部抽柱　　　（b）局部抽梁　　　（c）内收　　　　（d）外挑

图 3-2 框架结构调整

（二）框架结构体系的分类

常见的框架结构体系的分类方式有以下几种。

1. 根据框架材料分类

第一类是钢框架结构，即建筑框架全部由钢制成。在如今的建筑领域当中，越来越多的人喜爱应用钢框架结构，原因有以下几方面：第一，钢材具有出色的高强度质量比，换言之，钢的密度虽然大，却具备超高的强度，可以在建筑承重极大的情况下保持高强度的支撑性和稳定性；第二，钢材具有超高的延展性，可以在承受超过限定载重的负荷时不会立刻断裂，而是会发生一定程度的形变，在一定程度上保证了建筑的安全性；第三，由钢材制成的预制构件的质量相对较轻，有利于加快组装速度；第四，钢材可以在建筑拆除后进行回收再利用，符合现代的可持续发展理念。钢材的这些优质特性，使钢材成为现代建筑的首选材料之一。

第二类是混凝土框架结构，即建筑框架全部由混凝土制成。混凝土是由水、水泥和砂石等材料制成的，成本相对较低，再加上可以浇注成各种各样的形状，几乎能满足各种建筑构件的尺寸和功能需求，深受无数人的喜爱。此外，混凝土属于一种压缩性材料，质量较钢材重，强度和抗拉性相对有限，但具有较高的耐久性和抗压性，可以在雨水、阳光、火灾等环境条件中保持较高的抗腐蚀性，是恶劣环境下建筑的首要选择。

第三类是钢筋混凝土框架结构，即使用钢筋和混凝土制成建筑框架。这种框架结构也是如今人们经常使用的结构之一，它兼具钢材和混凝土两者的优质特性，为建筑物编织了坚固的骨架，其典型特点有以下几点：第一，钢筋混凝土的成本比纯钢结构低；第二，钢筋混凝土的强度和韧性因为融入了钢筋，所以比纯混凝土更强，而耐火性和抗压性因为融入了混凝土，所以比纯钢结构更强；第三，钢筋混凝土虽然以钢筋作为主体框架，但浇注混凝土时可以自由变换形态。

第四类是木框架结构，即建筑框架是由木材制成的。木框架结构在我国拥有悠久的历史，随着时代的发展，绿色、健康的理念深入人心，木框架结构又一次进入人们的视野。在我国，现存的许多典型建筑采用的都是木框架结构，如北京的故宫博物院、乌鲁木齐的穆斯林街、山西的云冈石窟等，由此可见，木框架结构依然十分受人欢迎。木框架结构与以上三种框架结构最显著的区别就是木框架结构使用的木材属于可再生资源，只要人们合理砍伐树木、及时种植、高效管理，木材就可以实现可持续循环，取之不尽用之不竭。此外，木制建筑因为使用的木材具有天然的纹理和色彩，不仅能赋予建筑环境绿色、温暖、舒适的气息，还能营造出一种身处大自然的感觉，处处是美景、处处是温馨，这种特殊的美感是砖石建筑、钢筋混凝土建筑不具备的。木框架结构在预制时只需将完整的木材进行加工成型即可，无须大费周章，大大提升了加工速度和工作效率，而且对环境的污染也比较小，在安装时可以使用传统的榫卯结构保证建筑结构的稳定性，缩短建造时间。与传统的钢筋混凝土结构和钢结构相比，木材质量更轻，对土地地基的冲击力比较小，再加上木材具备天然的绝缘属性，即使身处冷热交替的环境中也能保持室内热量不轻易散失。此外，木材具有极强的柔韧性和抗拉性，即使身处地震区域也能在一定程度上降低地震造成的破坏，而且木质建筑在出现破损或毁坏时可以直接替换木质构件，维修非常简单。

2. 根据框架刚度分类

第一类是刚性框架结构，它是一种刚度相对较高、由直线构成的框架结构，通常包含四条边和四个角，其中的直线为刚性杆件，连接处为刚性节点。刚性框架结构最显著的特点是强度高、刚度大、稳定性强、不易变形，能承受较大的荷载和水平力。换言之，刚性框架结构可以在积雪、狂风以及人为作用的情况下尽可能保持其本来形状，保证节点始终维持最初的角度。刚性框架结构由于具备如此优秀的特性，因此成为现代许多建筑（如办公楼、体育馆等高层或需要较大跨度的建筑结构）的首选，尤其适合应用在经常遭受地震或风暴等灾害袭击的地震带或风高地区。当然，刚性框架结构既然具备如此强大的刚性和稳定性，也就意味着它缺乏一定的灵活性和柔韧性，存在一定的应用局限。

第二类是伸缩框架结构，这种框架结构刚好与刚性框架结构相对，是一种为了更好地适应和容纳外力、热膨胀或其他形式所产生的位移而设计的框架结构。换言之，整个伸缩框架结构会在受到外部荷载时发生一定程度的形变，而框架上的节点可以根据外部荷载的作用发生旋转，所以伸缩框架结构特别适合应用在那些可能受到温度变化、地面沉降或其他导致结构变形的因素影响的建筑或工程当中，如管道、跨海大桥、大型的工业建筑以及身处地震多发带的建筑等。伸缩框架结构最显著的特点是具备极强的柔韧性和适应性，能在外部条件发生变化时及时转变形态，承受外部的压力，避免建筑因过度的应力作用出现破损或断裂，减少人员受到的伤害。通常情况下，伸缩框架结构需要配备专业的接头和连接件，以确保框架结构能够在极端情况下及时发生一定量的移动或伸缩。

3. 根据框架层数分类

第一类是单层框架结构，即在垂直方向只有一层的框架结构（水平方向可以有一层或多层），也被称为单跨框架结构。单层框架结构是现有框架结构中最简单、最基本的形式，在工业建筑中应用最多，如仓库、车间、超市等。这种场所之所以会采用单层框架结构，主要是因为这些建筑的结构相对简单，内部空间不会出现大量的需要支撑的柱子，可以自由、灵活地划分空间和布局，既方便设计又方便后期变化空间。此外，单层框架结构的建筑成本较低，可以在短时间内完成施工。

第二类是多层框架结构，即在垂直方向有两层或两层以上的框架结构（水平方向可以有一层或多层），这种框架结构的每一层都会建造用于支撑上层荷载的柱和梁，进而形成一个重复且稳定的框架结构体系。多层框架结构在现代建筑领域中的应用非常广泛，尤其是在城市、人口密集区域或土地资源相对贫乏的地区，因为多层框架结构可以通过构建稳定的框架体系来承载多个楼层的荷载，并保持建筑的稳定和安全，变相地实现了土地空间的高效利用。常见的多层框架结构建筑有多层住宅、办公楼、酒店、学校和医院等。

4. 根据施工方法分类

第一类是现浇式框架结构，即梁、柱和楼板等建筑框架部分都是在现场浇注成的结构体系，这种框架结构也是当前建筑最常用、最传统的施工方式。以钢筋混凝土为例，采用现场浇注时首先要做的就是让建筑工人在施工现场搭建建筑模板，将钢筋均匀地插入提前搭建的模板当中，然后现场制作混凝土砂浆，将砂浆注入带有钢筋的建筑模板当中。经过一段时间后，混凝土会逐步凝固，并与钢筋结合成统一的整体，拥有理想的强度，然后建筑工人会将混凝土外侧的建筑模板拆卸下来，这样现浇钢筋混凝土框架结构就算成型了，可以制作各种施工需要的部件。这种建筑方式由于所有部件都是根据具体的建筑设计和现场条件来浇注的，因此具备极强的灵活性，即使是稍微复杂的尺寸和形状也能实现，甚至可以实现高级别的私人定制。但也正因为所有的建筑部件都需要现场浇注，混凝土的冷却、凝固、强度提升都需要时间，所以施工的周期必然会比较长，再加上工序复杂、需要大量的建筑工人参与以及气温的变化等因素，混凝土的凝固时间也会受影响。

第二类是装配式框架结构，该结构的楼板、梁和柱都是预制的混凝土构件，可通过专门的工厂生产，然后运送到施工现场进行拼装，最终形成完整的建筑。这种装配式框架结构能够充分发挥装配式建筑的精髓，实现建筑构件的工厂化生产和现场安装，大大提升施工效率，保证预制构件的精准度和质量。装配式框架结构所需的只是生产工人和安装工人，比现浇式框架结构所需的工人数量要少很多，人力成本自然也大大降低。但是，想要实现预制构件的现场拼接，就需要提前在预制构件中埋设钢制连接件，需要消耗大量的钢材，再加上在现场安装时需要使用大量的运输吊装机械，所以需要的安装成本相对较高。此外，由于建筑构件完全是在工厂中生成的，因此那些有着特殊尺寸和复杂形状的构件显然不适合使用装配式框架结构，可能会在一定程度上导致设计存在刻板的印象；而且这种框架结构由于都是单独构件安装，整体性偏弱，抗震性偏低，因此地震多发带的区域不推荐使用。

第三类是装配整体式框架结构，这种框架结构可以看作现浇式和装配式框架结构的结合或装配式框架结构的进一步发展，它的楼板、梁和柱同样是在专业工厂中生产的预制化构件，但这些预制构件在施工现场安装时采用的却是现浇的方式，即将生产的预制构件吊装到建筑对应的位置后，工人需要将节点和连接处的钢筋通过绑扎或焊接的方式连接在一起，然后对该部位浇注混凝土，将框架的梁、柱和楼板连成整体，形成刚性框架结构。这种框架结构兼具现浇式框架结构和装配式框架结构的优点，既保证了整个结构的稳定性、连续性、坚固性，又可以实现预制构件的应用，降低了现浇式框架结构现场施工作业量大、模板需求量大以及装配式框架结构拼装用钢量大的缺点，大大提升了建筑的灵活性和拼装的工作效率，美中不足的是该框架结构的节点在现浇时可能需要一定的娴熟技巧。

二、剪力墙结构体系

（一）剪力墙结构体系的定义

剪力墙也被称为结构墙、抗震墙或抗风墙，是由钢筋混凝土制成的承受建筑水平荷载和垂直荷载的建筑墙体。在建筑内修建剪力墙不仅可以起到维持建筑稳定的作用，还能将它视作建筑空间整体形态和格局变换的介质。而剪力墙结构体系就是由无数个剪力墙集合而成的特殊承重体系，简单讲就是由建筑内无数建造在水平钢筋混凝土楼板上的竖向的钢筋混凝土墙板组成的结构体系。剪力墙结构体系在当代建筑中有着不容忽视的重要作用，特别是在风暴和地震多发的地带都离不开这种特殊的结构，它可以在建筑对抗风暴和地震产生的横向和纵向作用力的过程中发挥支撑和维持稳定的重要作用。通常情况下，剪力墙是负重的，但不负重的剪力墙也是存在的。

对于高层建筑来讲，楼层越高，风冲击在外墙上时就会对外墙产生更大的推动力，这个力的方向与地面是水平的。如果建筑物内部没有剪力墙之类的约束墙体，那么建筑物会在风的推动作用下产生水平方向的摇摆，即使这种摇摆的角度根本无法用肉眼看到，但也必然存在。如果建筑物内部建造了与墙面成直角的竖向墙体或剪力墙，那么当风吹向外墙上时，这些竖向的墙板会对墙产生一个支撑作用，帮助墙抵抗外界风产生的水平推动力，使建筑物不会产生摇摆，或者产生摇摆的幅度符合建筑的允许范围。也可以从另一种角度解释，当风从建筑物的某一面吹来时，建筑物内部的竖向墙板会产生一个与风吹力度相当的力来与之抗衡，这两个力从更高空间上看好似一对相互作用力，它们作用在一起时好像在对建筑物进行剪切，而且力会随着建筑物高度的降低越来越大，所以人们就将这样的墙板称为剪力墙板。从这个角度也可以发现，这些竖向的墙板不仅承担着整个上层建筑的竖向承重力，还承担着水平方向的荷载力，如地震力和风推动力。

（二）剪力墙结构体系的分类

常见的剪力墙结构体系的分类方式有以下几种。

1. 根据材料分类

第一类是混凝土剪力墙结构，即单纯由混凝土构建的剪力墙。这种剪力墙结构因为只使用了混凝土，内部没有添加钢筋，强度可能略有不足，所以不适合应用在高强度、高抗震要求的建筑当中；但也正因为它只使用了混凝土，所以这种剪力墙结构的造价成本偏低，施工难度较低，具有超高的性价比，而且设计师可以在此类墙体的表面进行恰当的涂装和抛光处理，获得自己想要的装饰形象，工艺属性超出预期。

第二类是钢筋混凝土剪力墙结构，即综合运用钢筋和混凝土制成的剪力墙。这种剪力墙结构兼具了钢筋和混凝土两种物质的优势，是现代建筑设计师比较喜欢且常用的剪力墙形式之一，是许多高层建筑的首选。它具备超强的韧性和抗压能力，可以在外力作用下尽可能保持建筑结构的完整或仅发生符合标准要求的微小形变，即使面对强风和地震也能最大化地保持建筑的稳定，非常适合应用在风暴和地震多发地区的高层建筑。

第三类是砌体剪力墙结构，即由砖块或石块堆砌而成的剪力墙。这种剪力墙在我国早期的建筑中经常出现，可以起到稳固建筑的作用，但本身的抗震属性和韧性都比较差，随着时代的发展和技术的进步，这种剪力墙结构也逐步被淘汰。如今，大量的古建筑和古遗迹被发现，为了尽可能保持古建筑和古遗迹的完整，人们大多选用砌体剪力墙结构，最大化地保留古建筑和古遗迹的本色本香。

2. 根据功能和位置分类

第一类是承重剪力墙结构，顾名思义，此类剪力墙结构在建筑当中不仅要提供横向的支撑，保证建筑在横向外力（如风力、地震作用力等）的作用下不会发生晃动或仅发生符合标准要求的微小形变，还要发挥承重作用，承担建筑的垂直荷载力（如建筑本身的重量、家具和设施的重量等）。为了保证该剪力墙能够完全发挥自己的作用，同时满足设计和功能需求，这类墙体所采用的构建材料都具有超高的强度，可以最大化保证建筑的稳定性；而且在后期装修的过程中，所有承重剪力墙一般不允许开洞，即使有必要的门窗也必须满足建筑要求。承重剪力墙一般应用在办公楼和多层建筑当中。

第二类是非承重剪力墙结构，即只需保证建筑横向稳定而无须承担建筑垂直荷载力的剪力墙。这种剪力墙结构与承重剪力墙结构是对应的。由于非承重剪力墙无须承担建筑的垂直荷载，因此其结构设计比承重剪力墙更轻巧和灵活，整体质量相对较轻，使用的建筑材料也没有太高的强度要求。更重要的是，该墙体拥有更大的开洞自由，只要不从根本上破坏墙体的整体结构，都可以进行门窗设计与开洞。此外，此类墙体可以采用预制墙板来构造，大大节约建筑时间，提升建筑效率。非承重墙结构一般用作室内隔墙，起划分空间的作用。

第三类是核心筒剪力墙结构，这种剪力墙结构比较特殊，在超高层建筑和摩天大楼中较为常见，其位置一般都设在建筑的正中心，是一组围绕楼梯井、电梯井、设备井等布置的连续的剪力墙，好似为整个建筑构建了一个直冲天空的"脊骨"。这种特殊的结构不仅能为整个建筑提供侧向的稳定支撑，还能承受大部分的垂直荷载，强度极高，能够为建筑内部创造特殊的、有序的空间，方便建筑安装楼梯、电梯和其他垂直交通设施，实现空间的最大化利用。

3. 根据结构配置分类

第一类是连续剪力墙结构，即由连续分布且按照特定规律连接在一起的垂直于建筑主方向的剪力墙组成的剪力墙结构体系。连续剪力墙与传统的单一剪力墙相比，最突出的特点就是连续性，这种连续性使建筑中的剪力墙能够为建筑提供更大的支撑和抗变形能力，使建筑在受到横向荷载时能够实现各剪力墙的均匀负载，将巨大的冲击力和荷载均匀地分散到每一个剪力墙，降低单一楼层或区域的荷载集中，这种均匀的分散和吸收大大提升了建筑对荷载的抵抗力，提升了建筑的稳定性。剪力墙的连续设计在一定程度上能够将整个建筑连接成统一的整体，保证建筑各个空间都能发挥作用，增强整个建筑的稳定性和安全性。通常情况下，连续剪力墙结构使用的都是混凝土材料，但随着科技的发展和新材料的开发，越来越多的新型材料（如复合材料）被应用在连续剪力墙当中，这进一步提升了剪力墙的强度和抗拉性，使连续剪力墙被广泛应用在桥梁及其他需要极高稳定性的建筑结构中。连续剪力墙具备的对动态荷载的及时响应和均匀分散的能力使它被广泛应用在狂风和地震多发地带的建筑当中。此外，为了保证连续剪力墙能够充分发挥作用，建筑设计师和工程师在设计和施工过程中应高度注意不同墙体的连接节点，以确保整体建筑的持久稳定。

第二类是分段剪力墙结构，顾名思义，此类剪力墙结构是由多个分段的、独立的剪力墙组成的。分段剪力墙结构与连续剪力墙结构最显著的区别就是剪力墙的分隔，具体表现为建筑物的某些楼层不存在剪力墙，或者剪力墙的高度和平面出现明显的分隔。分段剪力墙结构中的每一个剪力墙都是一个独立的个体，虽然没有直接的连续连接，却能够以其他的形式实现特殊连接，共同维持建筑结构的稳定。之所以会出现这种情况，最主要的原因是某些建筑因为地块因素、功能需求因素或其他因素不得不进行墙体的调整，如建筑区域一侧存在一个不可移动的设施或建筑，或者建筑需要设计开放性的空间。在这种情况下，建筑采用连续剪力墙结构是不适合的，所以为了保证满足实际和功能需求，建筑设计师只能灵活地分布剪力墙，以确保避开这些障碍，最终形成分段剪力墙结构。分段剪力墙结构由于剪力墙的灵活分布，在风力、地震作用下产生的荷载响应和力度分散比连续剪力墙结构稍弱，但合理的设计和施工（如在保证各个剪力墙稳定的基础上使用特殊的结构元件实现剪力墙与楼层的连接）可以在一定程度上保证建筑的稳定性和安全性，从这一点上看，该结构也有其独到之处。

第三类是耦合剪力墙结构，这种结构在现代建筑中应用广泛，被视为一种既经济、高效又具备超高性能的结构系统，在地震敏感区域的高层建筑中应用极为广泛。耦合剪力墙结构较为复杂，它是由两个或两个以上独立剪力墙通过刚性或半刚性的耦合梁连接在一起形成的剪力墙结构系统。耦合梁是一种特殊的梁结构，它可以在两个剪力墙之间实现力的传递，从而将所有的剪力墙连接成一个统一的整体，共同发挥作用，将建筑受到的风荷载或地震荷载逐级分散、吸收，大大提升建筑的稳定性。耦合剪力墙的特殊结构与传统的单一剪力墙相比，不仅能保证建筑拥有更强的横向刚度，还能实现荷载能力的有效分散，保证建筑在狂风和地震的作用下不会发生侧向位移或仅发生符合标准要求的微小位移。这种独特的结构能够方便设计师根据建筑需求灵活设计剪力墙的位置和大小，保证建筑设计的灵活性、多样性。这种耦合剪力墙结构因其优异的稳定性和抗震性，十分适合应用在风暴和地震多发区域的建筑设计当中，如展览馆、商场。但有一点至关重要，就是设计师在设计耦合剪力墙时需要充分考虑耦合梁的设计与建造，保证剪力墙墙体与耦合梁之间可以顺利完成荷载的传递，从而保证整个建筑系统的稳定性和效果。

三、混合结构体系

（一）混合结构体系的定义

在现代建筑设计当中，虽然单一建筑结构也可以满足建筑需求，但综合运用两种或两种以上的建筑结构不仅可以充分发挥多种建筑结构的效果，增强建筑的整体性能，还能节约施工时间和成本，并且多种材料的选择和运用还能为建筑设计师和工程师提供更广泛的设计选择和应用空间，所以混合结构体系拥有光明的发展前景。当然，混合结构体系并不是简单地将两种结构或两种材料拼接在一起，而是一种从更高层次对建筑进行宏观设计的先进哲学理念，这种理念能够促使建筑设计师和工程师主动摆脱传统设计观念，追求建筑结构和材料的最大化应用，充分发挥每一种建筑结构的独特优势，从而实现建筑结构性能的提升。

所谓的混合结构体系其实就是在单一的建筑结构中使用了两种或两种以上结构材料或结构设计形成的特殊结构体系，这种体系最显著的特点是综合利用每种建筑材料及建筑结构的独特性能（如钢材的强抗拉伸性、混凝土的强抗压缩性、木材的轻量化和可再生性以及钢结构的高延展性和混凝土结构的高强度等），实现建筑整体结构性能的优化，保证建筑结构既有优异的性能，又是经济和环保的。对建筑设计师来讲，他们在设计过程中绝对不能只关注各种建筑材料和建筑结构的物理特性和机械特点，还要全方位考虑如何在具体的施工过程中保证材料和建筑结构的完美融合，降低施工成本，提升建筑性能。例如，要想构建一个高层建筑，设计师可以选择钢材和混凝土两种材料，综合运用钢结构和混凝土结构进行建造，这样不仅能方便设计师进行灵活的设计，还能提升建筑的稳定性；设计师也可以在木结构建筑中插入一定量的钢结构框架，增强整个建筑的稳定性和持久性。这种综合应用的方法使建筑设计师可以为用户提供优于传统结构的新选择，而且这种混合结构体系可以有效避免只使用单一材料可能出现的局限性，还能展现更多的功能，实现可持续发展。

（二）混合结构体系的分类

常见的混合结构体系的分类方式有以下几种。

1. 根据材料分类

第一类是钢和混凝土混合结构。这里需要注意，此类混合结构与传统的钢筋混凝土结构不同，它是钢结构和混凝土结构或钢筋混凝土结构组合在一起形成的特殊结构。这种混合结构可以兼具钢结构的高抗拉性和延展性以及混凝土结构的高抗压性和高强度，其中比较常见的就是钢制梁与混凝土楼板的结合以及钢框架和混凝土核心筒的结合。钢制梁和混凝土楼板混合结构不仅可以保证建筑即使存在较大的跨度也能保持优良的支撑，还能确保建筑拥有强大的承载能力和稳定性。而钢框架和混凝土核心筒混合结构不仅可以充分利用混凝土核心筒的超强刚度来保持建筑整体的稳定，还能借助柔韧性极强的钢框架来承担外部作用力产生的横向荷载，确保建筑即使发生微小形变也能稳如泰山。

第二类是钢木混合结构，即钢结构和木结构的混合。这种混合结构充分发挥了钢结构的高强度和高支撑性以及木结构的可再生性、热绝缘性和轻量化，能够保证建筑既坚固、稳定又具有极佳的隔热性。此外，木结构还能轻松化解钢结构可能产生的"热桥"问题，再加上木材所蕴含的独特的自然气息，能够为整个建筑赋予舒适、恬静之感。通常情况下，这种混合结构大多应用在中低层住宅、商业楼等内部空间超大且开放的建筑当中，一般使用钢结构制作建筑的主要框架，木结构则作为屋顶、楼板、墙面以及装饰材料，这样无论是从外部还是从内部欣赏，都能给人眼前一亮的感觉。当然，也有一些建筑选择以木结构为建筑主体框架，而在木结构的连接件和节点处选择使用钢材，这种钢木混合结构实现了钢材和木材的功能互补，拓展了木材在建筑中的使用范围，彰显了木材的艺术性和实用性。使用钢材制作建筑节点和连接件不仅便于一体加工成型，还能借助钢材的高强度完美承载整个建筑的重量，保证节点的连接和受力均匀，较为知名的建筑有加拿大温哥华的水上运动中心、林肯公园动物园南池、万科青岛小镇等。

第三类是木－混凝土混合结构。这种结构比较新颖，它是将木结构和混凝土结构按照上下混合或水平混合的方式组合而成的新型结构，具有木结构的轻质性以及混凝土结构的坚固、稳定，符合国家提出的绿色建筑理念和可持续发展理念。应用木－混凝土混合结构构建的建筑具有不输于混凝土结构的支撑性和稳定性以及良好的隔热、隔声效果，还能为单调的混凝土外表赋予绿意，彰显建筑的独特性。江苏省康复医院是我国首个木－混凝土混合结构建筑，屋面构架的 5 层屋顶及 7 ～ 8 层均采用了胶合木材料，整个项目应用木结构的整体面积达到 18 000 m²，这种使用全实木材料制成的建筑也被称为"会呼吸的房子"。该项目创新性地采用了上下混合及水平混合的组合方式，将钢质构件预埋在木柱当中来实现竖向、横向的有效连接，进一步增强了建筑的稳定性。

2. 根据结构连接方式分类

第一类是整体式混合结构。这种结构最显著的特点就是将不同的建筑材料融合成一个连续的、不可分割的整体，保证它们在外部作用力下能够实现协同工作，发挥更强的整体性能，一般应用在那些需要极高抗震性和稳定性的建筑当中，如地震多发带的高层建筑。整体式混合结构最典型的就是钢梁和混凝土柱的结合，这种混合结构兼具了钢材的高抗拉性和混凝土的高抗压性，能够形成一个稳定的建筑框架。其中，钢梁的生产速度和施工速度都优于混凝土梁，有利于减少建筑时间，而混凝土柱的应用可以在保证支撑性的前提下节约建筑成本，再加上钢梁较为轻便、可以弯曲、易于调整的特点，可以配合混凝土组成特殊的造型，方便设计师进行装饰设计。对于这种混合结构，最关键的就是保证连接处和节点的强度和连接性，避免在外力作用下梁柱不能共同承受和分散外部荷载，导致建筑出现移位、裂缝甚至断裂。

第二类是复合式混合结构。这种结构虽然也是将不同的建筑材料组合在一起，但与上述整体式混合结构不同，这些材料并没有完全相融，仍然保持着各自的独立，只是通过适当的连接方式或连接件组合成有机整体。简而言之，设计师可以根据建筑需求设计建筑结构，根据建筑结构在合适的位置选择合适的材料制成建筑构件，然后将所有构件组合在一起形成完整的建筑。例如，建筑外墙可以使用混凝土墙板，保证建筑的隔热和隔声效果，而内部框架可以使用钢结构，以减轻建筑重量、拓展建筑空间，然后设计师可以使用特定的连接件或连接方式将两种结构组合在一起，这样既保证了建筑的稳定性、功能性，又能适当降低建设成本、缩短建设时间。由此可见，这种混合结构可以由设计师任意选择，实现经济效益和建筑效果的最大化。

第三类是模块式混合结构。近些年，装配式建筑获得繁荣发展，模块式混合结构的重要性得到显著提升，尤其对于那些有特定需求或时间要求的建筑项目（如临时建筑等），应用模块式混合结构能够在最短的时间内完成任务。模块式混合结构需要将各种建筑材料预先在工厂制成独立的模块，然后将模块运输到施工现场进行组装。工厂生产出的模块都有严格的标准，可以保证模块的一致性和质量，而在施工现场进行结构组装可以大大提升施工效率，节约施工时间，可谓一举多得。

第二节 预制梁、柱、板的标准化设计

对中小学建筑来讲，装配式建筑拥有极大的优势。例如，装配式建筑可以在工厂内制造、生产预制构件，然后再将预制构件运送到施工现场进行组装，大大缩短了施工周期，可以让学校建筑只花费较少的时间就能投入使用；工厂化生产的预制构件有着严格的标准和要求，可以保证成品建筑的质量；在学校内修建建筑必然会产生大量的噪声，甚至会导致尘土飞扬，对正在上课的学生或周边的民众有很大影响，但装配式建筑只需在现场进行组装，对周边环境的干扰很小；装配式建筑可以根据学校的具体需求进行定制，无论是教室的分布还是配置都能灵活调整。目前，我国中小学建筑主要采用的是框架结构或者框架剪力墙结构，为了保证中小学建筑的标准化设计，梁、柱和板这三种建筑构件的标准化设计和预制最为重要。

一、预制梁的标准化设计

（一）梁与预制梁的概念

"梁"是建筑框架中重要的构件之一，它在明清时期的木结构建筑中是一段有着矩形或接近方形横截面的横木，我国南方地区也有一些木结构建筑使用的梁的横截面是圆形的。圆形横截面的梁相比矩形或方形横截面的梁，可以节约大量的时间和木材。

在框架结构建筑当中，梁的主要作用是将位于不同方向的柱连接成统一的整体，同时承载整个建筑物上部构件以及屋顶的所有垂直荷载，然后将荷载分散、传递给下方的柱结构；在剪力墙结构建筑当中，梁需要将两个分离的墙体连接在一起，保证两个墙体能够共同承担建筑物上部构件以及屋顶的所有垂直载荷。由此可知，梁对维持整个建筑的稳定发挥着至关重要的作用，在抗震和抗风设计中的作用更是不容忽视。通常情况下，建筑物的梁是水平放置的，与建筑物的横断面保持一致，下方由柱子支撑。如果建筑物的空间过大，梁可能会先放置在平放的斗拱之上，然后再由斗拱与柱子相连。此外，梁还可以作为建筑装饰的组成元素，适当改变梁的形状和颜色可以增强建筑的美观程度。

梁作为建筑框架重要的结构之一，其分类方法也有很多，如根据梁的材料不同可分为钢梁、水泥梁和木梁等；根据梁在建筑构架中的位置不同可以分为单步梁、双步梁、三架梁、四架梁、五架梁、六架梁、七架梁等；根据梁的截面形状不同可分为矩形梁、T形梁和圆形梁等；根据梁的形状和作用不同可以分为太平梁、挑尖梁、十字梁、顺扒梁、抹角梁、抱头梁等，其中抹角梁的方向比较特殊，它并不与建筑立面垂直，而是与建筑面成45°角，主要用在拐角处；根据梁的受力状态不同可以分为弯曲梁、拉力梁和压力梁等。

预制梁，顾名思义，指的是那些在工厂按照建筑要求生产、预制并运送到施工现场进行安装的梁。它与传统的现浇梁相比有很多优势（如成本低、节约资源、环保以及具有更高的生产效率和标准化的质量等），被越来越多的设计师喜爱和应用。预制梁是装配预制构件的重要组成部分，其本身的力学性能必须满足设计要求。预制梁根据横截面形状的不同可以简单分为矩形梁、T形梁、I形梁、箱形梁、人字形梁以及U形梁；根据是否施加预应力可分为预应力预制梁以及非预应力预制梁。教学楼预制梁截面的宽度和高度应满足 M/2 模数的要求。双向预制梁纵筋在柱内锚固时，可通过梁截面不等高的方式进行梁纵筋垂直避让，截面高度差可取 50 mm；同向预制梁纵筋在柱内锚固时，可采用水平避让方式，可伸出锚固用纵筋与梁纵筋搭接连接。

（二）预制梁的标准化制造

1. 标准化制造理论分析

预制梁作为在工厂生产、制造的混凝土预制构件，其制造必须考虑以下内容。

第一，预制梁的使用位置和尺寸。对装配式建筑来讲，预制梁的使用位置决定了预制梁具体的尺寸和规格，而标准化的尺寸和规格是预制梁成功使用的先决条件。以教学楼为例，普通教室的开间尺寸通常为 8.1 ～ 10.8 m，进深尺寸为 7.1 ～ 9.4 m，层高尺寸为 3.6 ～ 4.0 m，小学教室的层高一般为 3.6 m，中学教室的层高一般为 3.9 ～ 4.0 m，中小学教室的跨度一般为 4 ～ 12 m。为了保证建筑结构的稳定，预制梁的长度应适当超出教师的开间尺寸和进深尺寸，处于或稍微超出跨度范围，以保证梁满足建筑的搭接需求；而预制梁的宽度一般为 200 ～ 600 mm，同时要综合考虑安装梁的柱以及支座的尺寸。

第二，预制梁的受力状态和形变情况。梁作为装配式建筑的重要承重结构，需要承载整个屋面和房顶的重量，所以其承载能力和受力性能必须满足要求，尤其是弯曲度、剪切力和轴力，这需要工厂在设计和制造预制梁的过程中严格控制混凝土的强度以及水泥、砂浆的混合比例。

2. 制作标准化模板

在确定了预制梁的尺寸、规格等一系列参数后，工厂需要按照参数及建筑需求设计预制梁的模板。模板制作是预制梁成功应用的关键，如果模板设计存在缺陷，预制梁就根本没有应用的可能。标准化模板的制作过程如下。

第一，选择模板材料。常用的模板材料有塑料、钢材、木材和竹子，其中塑料模板和木模板的成本低、施工简便，但使用寿命短，适用于少批量制造；钢模板具有较高的耐磨性和耐腐蚀性，使用寿命长，非常适合大批量生产，这种模板也是当前工厂常用的模板材料之一；竹模板是一种新型的材料，是由高密度、高强度的竹材压制而成，虽然质量轻但具有较高的强度，使用寿命也比较长，但这种材料的生产成本相对较高，无法大规模普及。

第二，根据标准化设计图纸选用钢材搭建模板外框架，然后焊接。模板的内壁应保持平整和光滑，且模板数据应与设计图纸保持一致，因为这会直接影响到预制梁的外观和几何尺寸。

第三，制作标准化模板内胆。通常情况下，预制梁内都配备了一定量的钢筋，以保证预制梁的强度，所以工厂要提前制作模板内部的胶合板，方便后期放入钢筋。如果预制梁的尺寸过大，工厂就需要分段制作内部胶合板。

第四，安装钢筋。根据设计图纸，模板内应布置钢筋骨架，钢筋的位置、间距、数量、规格都必须满足建筑梁的跨度、荷载等设计要求。部分预制梁可能由于使用位置有特殊要求，因此需要将钢筋进行弯曲或加工，或者提前制成钢筋笼的形式再放入模板中。通常情况下，预制梁内的横向钢筋或螺旋筋必须满足梁的剪力和扭矩需求，而纵向钢筋必须满足梁的弯矩需求。

3. 浇注混凝土

混凝土浇注是制作预制梁最基础、最关键的工序，一般在模板制作完成、钢筋安装完毕且经过全面检查之后进行，检查项目包括模板内侧有无杂物或凸起以及钢筋有无生锈、断裂或非要求弯曲等。混凝土是由沙子、水泥、石子、水按照一定的比例制成的，为了保证预制梁的强度和承载力，设计师需要按照相应强度对混凝土进行配比，一般情况下采用强度等级为 C30 或 C35 的混凝土，具体的混凝土配比需要结合学校的地理位置、建筑的类型和具体情况来决定。混凝土的配制一般是在搅拌机里进行的，这样可以保证混凝土混合均匀，使不同部位的混凝土具备一致的强度和其他特性。

在正式向模板浇注混凝土之前，工人需要对模板内壁进行清理和润滑，避免在浇注混凝土过程中出现混凝土黏在模板和钢筋上导致中心空鼓的现象。如果预制梁的形状固定且平滑，那么浇注过程可以采用半自动喂料机进行，工人只需控制机器的左右、前后运动；如果预制梁为异形或有特殊要求，那么浇注过程只能采用人工喂料。在将混凝土倒入模板的过程中，工人必须经常用振动棒或开启振动台的方式来促进混凝土在模板内的流动，排出模板内部充斥的气泡，将模板夯实。

4. 后期处理

为了保证预制梁的强度、耐久性以及表面质量，在混凝土浇注完成后，工人需要在模板表面覆盖塑料薄膜或湿布，尽可能减少混凝土水分的流失。混凝土在硬化过程中需要大量的水分，在防止失水的过程中，工人需要定时向模板表面喷洒一定的水分，如果条件允许，也可以使用化学养护剂、热处理等方式代替。这个过程就是混凝土的养护，一般需要维持 24 h，以确保混凝土预制梁具备一定的强度。

混凝土预制梁在自然固化一段时间后会获得极高的强度，此时工人可以尝试拆除模板。这里需要注意，模板拆除过程需要尽可能小心，坚决避免暴力拆除，以免破坏预制梁的外表面。模板拆除后，工人需要用肉眼在明光下仔细检查整个预制梁，确保其不存在任何裂缝或破损。如果发现预制梁存在裂缝，工人必须立即对其进行补救，补救措施如下：先确定裂缝的深度和宽度，细小裂缝可以使用填缝剂、补缝胶等一系列可以起到修复作用的助剂进行处理，但必须保证填缝助剂和混凝土梁的紧密结合；如果缝隙较大，可以使用耐碱纤维网布进行加固，即先裁取合适大小的耐碱纤维网布并将其贴合在缝隙处，然后使用填充助剂将耐碱纤维网布与混凝土梁紧密结合；如果缝隙太大，就只能使用钢筋加固，但一般不推荐，因为外在钢筋加固可能会对梁的强度和支撑性产生影响。在缝隙处理完成后，工人需要对梁的表面进行打磨处理，保证其美观，如果有要求，工人也可以在梁的表面覆盖涂层或进行蒸汽固化等额外的固化处理措施。所有加固处理完成后，工人需要将梁放置在通风、干燥处，保证加固处理的效果。最后，测试人员需要对所有预制梁进行各种属性的测试，确保其满足设计要求。

此外，所有的预制梁应根据尺寸和规格进行分类、编号，同一类预制梁应堆放在一起，上下搁置点保持一致，且最多堆放三层，避免预制梁在长时间的挤压下出现损坏。

（三）预制梁的标准化连接

1. 预制梁的连接方式

预制梁作为装配式建筑的主要承重部件，与其相连的主体部件有柱、墙板、楼板等。为了保证建筑物的稳定性，预制梁必须与柱及墙板等紧密连接在一起，这种连接不仅关乎整个建筑的完整性，还决定了整个建筑结构的稳定性和耐久性。具体选择哪种连接方式需要结合建筑项目的设计要求、施工条件以及功能需求决定，常见的连接方法有以下几种。

（1）槽口连接。所谓的槽口连接就是在预制梁的一端或两端提前预留一个形状可以与支撑柱或墙板上预留的凹槽紧密结合的槽口，然后通过此槽口将梁与支撑柱或墙板连接的连接方式。这种连接方式其实是根据传统的榫卯技术衍生出的连接方式，虽然槽口形状存在一定的加工难度，却无须使用额外的连接件，能保证预制梁与支撑柱或墙板的连接更加稳定且美观。而且这种连接方式结构相对简单，不易发生梁或支撑柱的相对移动，尤其适合应用在跨度小、梁段短的场景当中。但这种连接方式也有一些较为明显的缺点，如槽口加工工艺复杂、工序烦琐，往往需要使用专业的加工设备，而且后期维护困难。

（2）螺栓连接。螺栓连接指的是用单独的螺栓将预制梁与支撑柱或墙板连接成一个统一整体的连接方式，一般用于钢结构。螺栓连接是预制构件安装比较常用的连接方式，需要在预制构件内部加工出可用于螺栓夹紧的螺纹或贯通性的螺杆孔洞，方便后期安装螺钉和连接螺母。这种连接方式可以将两个分离的预制构件紧密结合在一起，保证整个建筑结构具备较高的承载能力和稳定性，还避免了槽口连接存在的加工难题，且后期维护十分方便，所以深受人们喜爱。但是，这种方式需要大量的外在连接件，成本必然会提高；而且这种连接一般都是在施工现场进行人工安装的，对现场施工人员的技术水平和施工安全性要求较高。

（3）法兰连接。法兰连接指的是在预制梁的两侧设计两个可以与其他梁或柱相对应的法兰，然后将两个构件的法兰对应在一起用螺栓连接的连接方式。这种连接方式与螺栓连接存在一定的相似性，具有较高的灵活性和稳定性，可以应用在多变荷载以及复杂结构当中。但这种连接方式需要单独生产法兰，成本相对较高，而且法兰的连接和固定需要专业的工具和技能。

（4）桶形连接。桶形连接是在预制梁两端使用圆钢筋连接件，将圆钢筋卡入梁段中心的圆形孔洞内，形成桶形的连接方式。这种连接方式简单、易于安装，具有较高的承载能力，但桶形连接的特殊结构会使钢筋混凝土板的防水性变差，需要额外进行防水和密封工程，增加了工作量和工期。

（5）焊接。这种连接方式十分常见，就是利用电焊或气焊设备将两个预制构件焊接在一起的连接方式。这种连接方式主要应用在钢结构当中，可以提供较高的连接强度，也无须使用额外的连接件，但需要专业人员和专业的工具。

2.预制梁的标准化连接

预制梁作为装配式建筑的重要组成部分，其连接方式关乎整个建筑物的安全和稳固。预制梁的连接方式有很多种，在综合考虑施工成本、施工效率以及建筑稳定性的基础上进行预制梁连接件的标准化连接是比较有效的方式之一。下面以螺栓连接为例进行详细阐述。

（1）预制梁的标准化处理。为保证连接的稳定性，施工人员必须对预制梁的连接部位进行处理，主要包含以下几方面内容：第一，根据连接部件设计图在预制梁对应部位打孔，孔径应比螺栓直径大一些，这样既能方便后期安装，又能保证螺母和螺杆不会轻易发生滑脱；第二，根据连接部件的位置、环境以及受力特性选择合适的材料，按照设计图纸制作标准化的螺栓、螺母和垫圈，常用的材料有不锈钢和碳钢等；第三，根据螺栓连接的不同需求，选择恰当的连接方式，如轴力型连接或摩擦型连接；第四，清除螺栓连接部位表面存在的一切杂物，确保连接面干净整洁、无锈迹，如对预制梁端部表面进行凿毛、打磨等处理。

（2）连接件的标准化连接。第一，编写详细的标准化安装手册，其中包含预制梁连接的所有设计图、连接图、安装方法以及检查程序。第二，根据预制梁连接部位，选择合适的标准化生产的螺栓、螺母和垫圈，检查其型号、规格是否满足标准化设计图纸要求。第三，将螺栓插入预留的孔洞当中，使用扳手或其他工具将螺栓进行预紧，达到预定的预紧力。第四，使用超声波检测、扭矩测试等一系列检测方法，检测螺栓的预紧力是否满足标准要求，确定连接效果。第五，经过 12 h 和 24 h 后，重复上述检测，观察螺栓连接的紧固状况，如果连接件环境较为恶劣或需要长时间使用，可适当缩短检测时间和频次；在检测过程中只要发现螺栓有松动、腐蚀或出现偏差等情况，应及时调整或更换螺栓。第六，在建筑修建完成后要定期检测使用中的螺栓，确保其完整度和连接情况，一旦发现问题应及时更换。

二、预制柱的标准化设计

柱是整个建筑最重要的支撑结构，预制柱同样是装配式建筑中使用最广泛的一种结构构件，它与传统的现场浇注柱相比，在施工时间和质量上都有较为明显的优势。所谓的预制柱指的是在工厂根据设计标准和尺寸预先生产的柱状结构构件。以数学楼为例，教学楼预制混凝土柱的截面尺寸应满足 M/2 的模数要求，不同楼层间的柱截面应保持统一，预制柱内的钢筋采用的是成型钢筋骨架，纵向受力钢筋的直径不小于 20 mm，在满足现行国家相关标准的前提下，采用大直径钢筋可减少根数，可集中于四角且对称布置。

（一）预制柱的标准化制造

1. 预制柱制造的准备工作

第一，确定预制柱的使用位置和尺寸。对装配式建筑来讲，预制柱的使用范围更广，主要用作建筑支撑，设计师需要结合位置的不同来确定具体的尺寸和规格。

第二，确定预制柱的受力情况。预制柱作为建筑的主要支撑构件，必然会承受垂直荷载，并承担着传递荷载的重要使命。但在承受荷载的过程中，预制柱在水平方向也会承受一定的水平推力，所以它也属于水平受力构件。

第三，根据设计图纸中标明的尺寸和规格等参数，选择合适的材料制作标准化的模板。在制作模板过程中，设计师需要根据图纸设计合理地分布钢筋、预埋件，并为其他设备的通行预留通道。

第四，选择恰当的混凝土比例和钢筋强度，保证生产出的预制柱满足建筑要求。

2. 预制柱的标准化生产

（1）对制作好的柱模板进行清理和调整。在预制柱生产前，工人需要先对柱模板进行清理，然后刷上脱模剂，保证生产的预制柱平整、光滑；同时根据预制柱的具体尺寸和规格调整柱底模板尺寸、侧模位置以及柱底横梁尺寸，并在模板外侧加封橡胶条，保证模板的密封性。

（2）对钢筋骨架进行绑扎。为了保证预制柱构件的强度，设计师必须为预制柱配置钢筋骨架，但不同位置的预制柱的钢筋骨架是不完全相同的，设计师需要结合每一根柱的具体位置为其编制柱编号，每一个柱编号对应一种钢筋骨架的类型，这样能够方便钢筋骨架的绑扎。在钢筋骨架的绑扎过程中，工人应根据每一根柱的型号、编号、配筋状况进行钢筋骨架的绑扎，在每两节柱中间另配 8 根 Φ14 斜向钢筋以保证柱在运输及施工阶段的承载力及刚度，同时焊接于柱主筋上。另外，工人还需根据图纸预埋情况，在柱钢筋骨架绑扎过程中针对不同方向及时进行预埋，如临时支撑预埋件等。柱间模板应采用易固定、易施工、易脱模的拼装组合模板加橡胶衬组成，连接件采用套管。

（3）固定柱间模板、连接件和插筋。待柱间模板、连接件、插筋制作完毕后，工人需将它们分别安放于柱钢筋骨架中的相应位置进行支撑固定，确保其在施工过程中不变形、不移位。其中，柱间模板外口应用顶撑固定，并在柱间模板里口点焊定位箍筋；连接件、插筋在柱里部分用电焊焊接于主筋上，外口固定于特制定型钢模上，吊装入模后通过螺栓与整体钢模板相连固定。

（4）调整固定柱模板。在校正钢筋笼的过程中，柱钢筋骨架入模后，工人可通过柱模上的调节杆对柱模尺寸进行定位校正，对柱间模板、钢筋插筋、钢管连接件进行重新校正与固定，核查其长度、位置、大小等，同时对柱插筋、预留钢筋的方向进行核查，预留好吊装孔。

（5）浇注与养护。在浇注混凝土的过程中，预制柱的混凝土坍落度控制在（12±2）cm。预制柱通过运输车、桁车吊送于柱模中，一般采用人工振捣的方式振捣混凝土。混凝土浇注完成后可覆盖苫布，再通蒸汽养护。由于柱截面较大，为防止混凝土温度应力差过大，养护时可不进行预热，直接从常温开始升温，即混凝土浇注完成后，直接控制温度阀使混凝土处于升温状态，每小时均匀升温 20 ℃，直至 80 ℃后通过模板中的温度感应器触发温控器来控制蒸汽的打开与关闭。待预制柱混凝土强度达到脱模强度（约为混凝土设计强度的75%）后，停止供汽，使混凝土缓慢降温，避免柱因温度突变而产生裂缝。

（6）拆模。混凝土强度达到起吊强度后即可进行拆模，拆模时首先松开紧固螺栓，拆除端部模板，即时起吊、出模、编号，并标明图示方向，然后拆除柱间模板并进行局部修理，按柱的出厂顺序进行码放，堆放层数不得超过3层。

（二）预制柱的连接方式及标准化连接

1. 预制柱的连接方式

预制柱的连接方式主要分为以下几种类型，每种方式都有其特点和适用情况。

（1）机械连接。机械连接作为预制柱的一种主要连接方式，在现代建筑工程中尤为重要，特别是在追求施工速度、安全性和灵活性的项目中。这种连接方式主要包括螺栓连接和钢筋套筒连接两种形式。

螺栓连接是通过使用螺栓和螺母将预制柱的接头部分固定在一起的连接方式，这种方式的显著特点是操作简便，不需要特殊工具或设备，且可根据需要调整连接的紧密度，便于维修和更换，安装速度快，可以迅速完成，从而大幅缩短施工周期，所以它特别适用于那些需要重复拆卸或调整位置的结构，如临时建筑或展览馆。但螺栓连接对于承受较大荷载或需要高稳定性的结构可能不够理想。

钢筋套筒连接是通过在预制柱端部预留钢筋，并使用套筒在现场将这些钢筋连接起来的连接方式，这种方式在结构上更为坚固，能提供更高的连接强度和稳定性，非常适用于需要承受较大荷载的结构，如高层建筑、桥梁和大型公共设施。钢筋套筒连接的优势在于能提供极高的结构强度和稳定性，适合长期和永久性结构，并能有效承受各种荷载和外力；缺点在于安装过程相对复杂，需要精确的现场操作，且成本较高，不便于拆卸和重新配置。

（2）黏接连接。黏接连接是预制柱连接的另一种重要方式，这种连接方式的主要优势在于它可以提供非常好的密封效果和较高的连接强度，适用于那些对接头密封性和持久性有较高要求的应用场景，其中环氧树脂黏接因其独特的优点而被广泛应用。

环氧树脂黏接是利用环氧树脂作为黏合剂将预制柱的接头部分牢牢黏接在一起的连接方式。环氧树脂是一种性能优异的黏合剂，它在固化后能够展现出极高的黏接强度和优良的化学稳定性，这使环氧树脂黏接成为一个理想的选择，尤其是在需要防水、防潮或抗化学腐蚀的环境中。环氧树脂黏接在固化过程中不会收缩，这意味着它能够在连接处形成一个非常坚固和均匀的结合面，从而确保连接的可靠性和稳定性。环氧树脂黏接在施工过程中具有操作简便、施工快速的特点，因为黏接过程不需要复杂的机械设备，只需确保接触面的清洁和适当的固化条件即可，所以这种方式非常适用于现场条件受限或对施工速度有特别要求的工程项目。但是，环氧树脂黏接也有其局限性，如它对温度和湿度比较敏感，环境条件的不利变化可能影响黏接质量。此外，尽管环氧树脂具有良好的初始黏接强度，但在长期承受重载或动态荷载时，其性能可能会有所下降，所以在选择环氧树脂黏接作为连接方式时，设计师需要考虑到这些因素，确保其满足项目的具体要求和使用条件。

（3）混凝土浇注连接。混凝土浇注连接，尤其是现浇混凝土连接，也是预制柱连接的一种重要方法。这种连接方式是在预制柱安装后，直接在接头处浇注新鲜混凝土以实现固定连接，在许多建筑工程中起到了关键作用。现浇混凝土连接的核心优势在于它能够提供极高的连接强度，适用于承受重载或需要高稳定性的建筑结构，如高层建筑、大跨度结构或其他需要承受重要荷载的建筑等。而且因为混凝土是在现场浇注的，所以它能确保混凝土连接的接缝处与整体结构具有一致的物理和化学特性，显著提升结构的整体性和一致性。此外，混凝土本身的防火和隔声特性也因现浇混凝土连接而得到加强，这使这种连接方式在需要良好防火和隔声性能的建筑中成为理想选择。

（4）插接或卡扣连接。插接或卡扣连接在预制柱连接方式中占据了重要地位，在需要快速安装和拆卸的应用场景中应用更为广泛。其中，插销连接是这一类连接中比较常见的形式，它通过在预制柱的接头处设置插孔，然后在连接件上安装插销进行固定，可以使安装过程简便且快捷。这种连接方式最主要的优势在于无须使用复杂的工具或设备，仅需将插销插入对应的插孔，就可以实现快速的安装与拆卸，能够节约大量的时间和人力资源，成为临时性结构（如展会展览搭建、临时展厅和活动舞台等）理想的连接方式。另外，插销本身可以在不同的预制柱之间重复使用，既能提升经济效益，又能满足环保要求。当需要维护或更换部分结构时，插销连接无须大规模的拆解作业，只需进行更换或修理，且处理工作可以迅速完成，大大降低了维护成本和时间。这些特点使插销连接成为快速建设、临时结构和灵活应用场景的理想选择。

尽管插销连接具有众多优点，但它的使用并非没有限制，最主要的局限在于其承载能力，因此插销连接不适用于承受重大荷载或长期使用的结构。这是因为在重载或长期应用下，插销连接可能会出现松动或疲劳，影响结构的稳定性和安全性。因此，在选择插销连接作为预制柱的连接方式时，设计师必须仔细考虑结构的实际负载和预期使用期限。

2. 预制柱的标准化连接

预制柱的标准化连接主要是指使用标准化的方法制备预制混凝土柱部件和连接件，这样可以确保施工的快速、高效，并提高结构的安全性和耐久性。实现预制柱标准化连接的过程是一个多步骤、综合性的方法，可以显著提高施工效率、确保结构质量和安全性，并优化整个建筑过程。

标准化连接的关键在于遵循统一的规范设计预制柱和连接部件。无论是预制柱还是连接部件，它们都拥有对应的尺寸和形状，所有组件的尺寸、形状和接口的标准化生产有助于实现快速且可重复的连接过程，并保证连接的高强度和耐久性。通常情况下，预制柱连接涉及的连接器件有螺栓、插销和钢筋连接套筒等，这些连接器件的使用不仅能使安装过程变得简单和高效，还能大大提高连接的可靠性和稳定性。更重要的是，这些器件经过精心设计，可以适应不同的使用环境，确保在整个建筑的使用寿命内提供稳固的支持。在制造预制柱和连接部件时，制作人员应严格遵循标准尺寸和形状，这种高精确度的要求意味着生产过程需要精密的制造技术和严格的质量控制，这样生产出的每个部件都是一致的，可以确保现场安装的精确性和对接的准确性，同时减少调整和现场修改的需要，大大提高安装的效率和精确性。在预制柱的设计和制造中，精确定位的预设连接点发挥着关键作用，这些连接点的准确性能够确保预制柱在安装时快速且准确地与其他组件或结构对接，减少现场调整的需求，提高整体施工效率。预制柱的标准化连接还有助于简化和加快安装过程，施工人员通过使用预先设计的、标准化的预制柱和连接部件，可以使安装过程变成一个简单、重复的过程，使每个步骤都被优化以减少复杂性和潜在的错误，提高施工速度，降低对专业技能的依赖，减少施工成本和时间。更重要的是，预设的、标准化的连接点、螺栓、钢筋连接套筒或其他专用连接件的使用，还能提高连接的可靠性和结构强度。

为了保证标准化连接具备足够的强度和耐久性，以适应建筑结构承受的各种荷载和环境条件，生产过程必须使用高质量的材料和经过验证的设计原则，以确保结构的长期安全和性能；同时为了便于日后的检查和维护，标准化设计还需要考虑后期便于检查的特性，确保建筑在使用期间内对结构的评估和必要维护变得更加容易。预制柱的标准化连接是一个综合性的过程，涉及精确的制造、特制的连接器件、简化的安装程序和对长期性能的考虑。通过这种方式，预制柱可以在工厂制造后被快速且有效地安装到施工现场，大大提高建筑施工的速度和质量，同时确保结构的安全性和耐久性。这种方法不仅能够满足现代建筑行业对速度和效率的需求，还能提高建筑项目的总体经济性和可靠性。此外，模块化设计使预制柱能够轻松地与其他预制组件（如梁、楼板等）配合使用，使设计师在不同项目中可以重复使用相同的设计和部件，实现成本效益和施工效率的提升。

三、预制板的标准化设计

（一）预制板的分类

预制板是一种广泛用于建筑领域的预制构件，根据材料、功能和应用场景的不同，预制板可以分为多个类别。

1.混凝土预制板

混凝土预制板作为建筑行业中的一种重要材料，主要分为预应力混凝土板和轻质混凝土板两大类，具有独特的优点和应用领域。

预应力混凝土板通过在混凝土硬化之前施加预应力（通常通过张拉钢筋或钢索来实现），能够提高自身性能。这种内部预应力可以有效抵抗外部负载引起的拉应力，提高板材的承载能力和耐久性。预应力混凝土板具有高承载能力，适用于大跨度和高承载需求的结构（如桥梁和屋顶），能够减少裂缝和变形，延长结构使用寿命，还能节省材料，降低成本。

轻质混凝土板则由轻质骨料（如膨胀珍珠岩、膨胀黏土或轻质砂等）制成，因其较轻的重量而广泛应用于墙体、屋面和隔断。轻质混凝土板的密度小、重量轻，易于运输和安装，具有良好的隔声效果和保温性能，适合住宅和办公建筑，并且易于加工和塑形，可用于特殊设计需求的建筑部分，还具有优异的耐火性和耐震性，能够提高建筑安全性。

2. 木制预制板

木制预制板作为一种重要的建筑材料，主要包括胶合木板和定向刨花板（orientend strand board, OSB）两大类。

胶合木板是由多层薄木板黏合制成的，这种结构赋予了胶合木板出色的结构稳定性和承载能力。胶合木板独特的层压结构能够均匀分散荷载，提高抗弯和抗压性能，还能够抵抗湿度和温度变化引起的尺寸波动，因此胶合木板在建筑中被广泛用于墙体、地板和屋顶的结构层。此外，胶合木板在美观性和环境友好性方面也表现良好，常被用于可见的结构和装饰性表面，能够提供自然木材的美观和温馨感。

OSB 则是由交叉排列的小木片黏合而成的板材，这种交叉的排列方式赋予了 OSB 较高的强度和刚性。OSB 不仅具有良好的力学性能，还因其制造过程中的高材料利用率被视为一种环保的建筑材料。OSB 因其出色的承载能力和尺寸稳定性，在建筑领域备受青睐，尤其适用于承担较大荷载的结构部分，如结构剪力墙和地板。OSB 的另一个优点是具备极高的适应性，可以根据不同的建筑要求进行定制，以满足特定的强度和尺寸需求。

3. 金属预制板

金属预制板在建筑行业中占据着重要地位，主要包括钢制预制板和铝制预制板两大类，这两种材料各具特色，广泛应用于现代建筑的多个领域。

钢制预制板的制造是将钢材通过轧制或焊接工艺制成板状，可以根据需要制成不同的厚度和尺寸。钢制预制板的一个显著优点是其出色的结构强度，这也使钢制预制板成为理想的承重材料，特别适用于需要承受重荷载的场合，如大型建筑的外墙、屋顶和地板系统等。除了较高的强度，钢制预制板还具有良好的耐久性和抗风化能力，这使其在恶劣环境下也能保持稳定性和安全性。钢制预制板在建筑设计中的应用也极具灵活性，可以通过不同的涂层或涂装工艺进行美化处理，满足建筑美学和功能性的双重需求。

铝制预制板由于使用的是质量轻的铝板作为原材料，便于运输和安装，且对建筑结构的负荷影响较小，因此常用于建筑的幕墙系统和装饰性外墙。而且铝材料本身具有优良的耐腐蚀性能，适用于各种气候条件，在潮湿或海洋性气候中的应用效果尤为显著。铝制预制板的另一个优势是其可塑性高，可以被加工成各种复杂的形状，成为现代建筑设计中的热门选择。

4. 石膏板

石膏板是一种轻质建筑材料，主要用于内墙和天花板的隔断和装饰。它由石膏芯和纸面层构成，因其安装简便、成本低廉而广受欢迎。石膏板的优势之一是其良好的隔声性能，可以有效降低噪声传播，提供更加舒适的室内环境。石膏板还具有出色的防火性能，这是因为石膏本身不可燃，在火灾发生时还能够释放水分，帮助降低温度，减缓火势蔓延。更重要的是，石膏板还可根据不同的使用需求进行增加防潮、防霉等特性处理，使其适用于各种室内环境。另外，在装饰方面，石膏板由于表面光滑，因此可进行涂饰、贴壁纸或进行其他装饰处理，满足不同的美观需求。

5. 复合材料预制板

复合材料预制板是一种现代建筑行业中日益流行的材料，这些板材通常由两层坚硬的外层和一个轻质的核心层组成，其中核心层通常由泡沫或其他轻质绝热材料制成。这类板材的核心特点在于，它们不仅能够将多种不同材料的优势结合在一起（如泡沫夹层板、玻璃纤维夹层板等），还可以将特殊材料与混凝土混合在一起（如玻璃纤维增强混凝土板）。复合材料预制板由于集合了多种材料的优质性能，因此可以应用在各种场景当中，特别是在临时建筑和移动房屋方面。

玻璃纤维增强混凝土板是一种通过将高强度的玻璃纤维与混凝土混合制成的复合材料预制板，这种板材结合了混凝土的坚固性和玻璃纤维的高强度，因而具有出色的强度和耐久性，且重量较轻。玻璃纤维增强混凝土板由于其高强度和轻质特性，成为建筑外墙装饰和复杂形状构件的理想选择。此外，玻璃纤维增强混凝土板的可塑性极高，可以制成各种形状和纹理，为建筑师提供了极大的设计自由度，能够实现更具创意和美观的建筑外观设计。

（二）预制板的标准化制造

预制板是现阶段工厂化程度最高的部品部件，产品业态也较为丰富，有叠合板、SP 板、SPD 叠合预应力空心板、钢管桁架预应力叠合板、钢筋桁架楼承板、装配箱等产品。[①] 预制板的标准化制造在现代建筑行业中扮演着至关重要的角色，它依赖高度自动化的生产线，在加快生产速度的同时，能够提高产品的一致性和质量，确保建筑项目的可靠性，满足建筑行业对高效率和高质量建材的需求。预制板的标准化制造过程需要从严格的设计规范开始，确保每个预制板都满足特定的尺寸、强度和性能要求，而自动化的设备能够精确地执行裁剪、成型和加工操作，确保每块预制板都严格符合既定的标准。预制板的标准化制作过程需要增加必要的质量控制和测试环节，包括对原材料的质量检查、生产过程的持续监控以及最终产品的性能测试，以确保每一块板材都达到预定的高标准，整个制作过程通常在预制工厂中进行。

标准化预制板的设计还强调模块化和可互换性，这使不同的板材可以在多个项目中通用，不仅提高了灵活性和成本效率，还简化了施工过程，因为标准化组件更容易安装和替换。随着环境保护和可持续性成为现代建筑行业的重要考量，标准化生产也越来越注重使用可回收或可再生的材料，减少废物并降低生产过程中的能源消耗。标准化预制板的尺寸和形状的统一化可以使板材得到有效的堆叠，使运输和储存更加高效，显著降低物流成本。预制板具体的制作流程如图 3-3 所示。

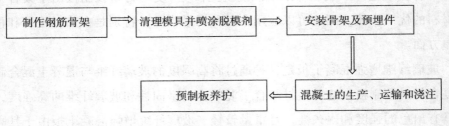

图 3-3 预制板的制作流程

1. 制作钢筋骨架

钢筋骨架的制作是预制板生产流程中的首要步骤，这个过程的关键是让工程师对设计图纸进行仔细分析，然后根据这些图纸准备和切割钢筋，以确保它们完全满足预制板的设计要求，这对预制板的整体质量、强度和耐久性起着决定性的作用，因为钢筋的准确切割会直接影响到最终骨架的尺寸和形状。当钢

---

① 董丽娜，潘专. 装配式建筑中预制楼板的应用 [J]. 四川建材，2017, 43（9）：120-121.

筋被切割成所需长度后，接下来工程师需要通过焊接或捆绑来将它们组装成骨架结构，这一步骤要求有极高的技术精度，因为任何小的偏差都可能影响预制板的结构完整性。焊接能够提供一种坚固且持久的连接方式，但需要高水平的技术和严格的质量控制来确保焊点的强度和稳定性；而捆绑虽然在某些情况下更加灵活和快捷，但它可能不如焊接那样能够提供长期的结构稳定性。在整个钢筋骨架的制作过程中，对材料的选择和处理方法的考虑也非常关键，钢筋的类型、直径和强度等级必须符合特定的标准，以确保它们能承受预期的负荷。除了对这些物理和机械性能的考虑，工程师还必须考虑到钢筋的抗腐蚀性，尤其是在易受腐蚀的环境中使用时。

在钢筋骨架的制作过程中，对钢筋骨架的质量控制是十分重要的一部分，从材料的选择、切割、组装到最终的检查，都必须严格按照质量标准来执行，这种细致的关注和精确的工艺是确保预制板能够在建筑中安全可靠使用的关键。钢筋骨架在完成后需要妥善处理和存储，以避免在运输和安装前的任何损伤，这会涉及使用特制的支架和保护措施来确保骨架在运输和储存过程中的安全。

2. 清理模具并喷涂脱模剂

钢筋骨架制作完成后，清理模具和喷涂脱模剂就是接下来的一个至关重要的步骤，这一环节的主要目的是确保混凝土能够被平滑地浇注并在固化后轻松地从模具中脱离，保证预制板的完整性和表面光滑。

模具清理的过程需要非常细致和彻底，任何残留的材料或杂质，无论大小，都可能导致预制板表面出现缺陷（如凹陷或凸起），进而影响最终产品的质量和外观。为了避免这种情况，操作人员需要使用专业的清洁工具和技巧来确保每一个角落和表面都被完全清理干净。清理过程不仅包括物理的清洁，还需要进行化学清洁，确保化学残留物被彻底清除，保证模具的纯净和预制板的质量。

清理完成后，操作人员需要在模具的表面涂覆一层脱模剂。脱模剂的使用是一个精确且技术要求很高的工序，它不仅要求将脱模剂均匀涂覆在整个模具表面，还需要选择合适的脱模剂类型。合适的脱模剂不仅可以保证混凝土顺利脱离模具，还能确保脱模剂不会与混凝土发生不良化学反应或影响预制板的质量。当前市场上有多种脱模剂，包括水基和油基等不同类型，每种脱模剂都有其特定的使用场景和效果。喷涂脱模剂需要均匀且恰到好处，过多或过少的脱模剂都会带来问题。脱模剂如果涂覆过多，可能会在预制板表面留下油脂痕迹，影响外观甚至强度；如果涂覆过少，混凝土可能无法顺利从模具中脱离，导致预制板损坏。脱模剂的喷涂还需要考虑环境因素，如温度和湿度，这些因素可能会影响脱模剂的性能。此外，在整个喷涂过程中，操作人员需要穿戴适当的防护装备，以防止脱模剂引起的健康风险。

3. 安装骨架及预埋件

在清理完模具之后，接下来的工作是将事先制作好的钢筋骨架和预埋件准确地安装到模具中。安装钢筋骨架及预埋件是预制板生产过程中的一个关键环节，这个过程不仅需要精确的技术操作，还需要对预制板的设计和结构有深刻的理解，这在确保预制板的结构完整性和功能实现方面起着至关重要的作用。

钢筋骨架的安装是一个需要高度精确和细致操作的过程，每一根钢筋都必须按照设计图纸的要求放置在正确的位置，并确保与模具的配合是完美的，这不仅关系到预制板的强度和稳定性，还会影响混凝土浇注的效果。钢筋骨架的位置有任何偏差，都可能导致预制板在使用过程中出现结构问题，甚至可能影响整个建筑的安全性。

在安装钢筋骨架的同时，操作人员还需要安装预埋件，预埋件通常包括连接件、吊装点等，这些部件对于预制板在建筑中的正确安装和使用至关重要。预埋件的安装需要非常精确，以确保它们在最终的预制板中处于正确的位置和方向。这些预埋件在预制板安装到建筑中时起到了关键作用，它们需要能够承受重载并保证连接的稳定性。预埋件的安装还涉及与钢筋骨架的协调，因此操作人员需要确保预埋件与钢筋骨架之间的连接是牢固且可靠的，同时要考虑到混凝土浇注过程中的各种因素，如预埋件对混凝土流动性的影响等。预埋件的任何不当安装都可能导致预制板在实际使用过程中出现问题。

在钢筋骨架及预埋件的整个安装过程中，质量控制是至关重要的，每一步操作都需要仔细检查，以确保钢筋骨架和预埋件的位置、方向和连接方式都满足设计要求。这种对细节的关注不仅保证了预制板的质量，还提高了预制板在建筑工程中的安全性和可靠性。

4. 混凝土的生产、运输和浇注

混凝土的生产、运输和浇注是预制板制造过程中的一个核心环节，在这个阶段，混凝土作为预制板的主要材料，需要在工厂内严格按照特定比例配制，确保其强度、稳定性和耐久性满足设计要求，这对预制板的质量和性能具有决定性的影响。

混凝土的生产是一个精细的化学过程，涉及水泥、砂、石子和其他添加剂的精确配比。混凝土的生产过程不仅需要精确计量各种原料，还需要考虑材料的质量和特性以及环境条件对混凝土性能的影响，如水泥的品质、砂子的粒度、石子的硬度等因素对混凝土最终质量的影响。除此之外，添加剂（如减水剂、防冻剂或其他化学混合物）的加入可以改善混凝土的流动性和耐久性，其含量同样需要注意。

配制好的混凝土需要通过专用的运输设备（如混凝土搅拌车）运送到浇注区域，运输过程需要特别注意保持混凝土的均匀性和适宜的稠度，防止混凝土在运输过程中分层或发生化学变化，运输速度和距离以及混凝土在运输过程中的搅拌都是确保混凝土质量的关键因素。

到达浇注区域后，混凝土需要被倒入预先准备好的模具中，这个过程对混凝土的分布和填充要求非常严格。操作人员需要确保混凝土在模具中均匀分布，避免出现气泡和空隙，这通常通过振动或其他手段来实现，以确保混凝土充分填充模具的每个角落，并紧密地包裹住钢筋骨架和预埋件。此过程对操作人员的技能和经验要求较高，因为混凝土的正确填充和分布会直接影响预制板的结构完整性和表面平整性。在混凝土浇注的整个过程中，对温度和湿度的控制也非常重要，因为这些环境因素会影响混凝土的固化速度和质量。在特定的气候条件下，操作人员可能需要采取额外的措施（如使用加热或保温设备）来确保混凝土在理想的条件下固化。

5. 预制板养护

混凝土灌注完成后，预制板进入了一个至关重要的阶段——养护。这个过程是让混凝土逐渐硬化并最终达到设计强度的重要过程，对于保证预制板的质量和持久性极为关键。在养护期间，混凝土的化学反应持续进行，逐步形成坚硬的结构，这个过程的时间长短和条件取决于混凝土的类型以及环境条件，通常需要几天到几周的时间。养护期间的环境控制对混凝土的最终质量至关重要，其中温度和湿度是两个主要的影响因素。温度对水泥水化反应的速度有着直接影响：在较高的温度下，水化反应迅速，但这可能导致混凝土的强度发展不充分；而在较低的温度下，水化反应缓慢，会延长混凝土硬化的时间。因此，操作人员需要精确控制温度，以保证混凝土能够在理想的条件下固化。湿度也是一个重要的控制因素，因为混凝土的养护过程需要一定的湿度来维持水泥的水化反应。如果环境过于干燥，混凝土表面可能会出现干裂，为了避免这种情况，操作人员需要采取措施维持养护环境的湿度，如覆盖湿布、喷水或使用湿度控制设备。除了温度和湿度的控制，混凝土的养护还涉及其他因素，如混凝土的种类和预制板的尺寸。不同类型的混凝土（如高性能混凝土、轻质混凝土等）可能需要不同的养护条件，而预制板的尺寸也会影响养护时间的长短，较大或较厚的预制板可能需要更长的时间来确保混凝土完全硬化。

在整个养护过程中，进行定期的质量检测是非常重要的，包括检查混凝土的硬度、强度以及是否有裂缝等缺陷。这些检测能够帮助确定混凝土是否达到了预期的强度和质量标准，并确保每个预制板都满足设计要求。养护阶段对于预制板的最终性能和使用寿命有着决定性的影响，这个阶段的精确控制和管理能够保证预制板达到其设计的最大强度和耐久性，为建筑工程的安全和稳固提供条件。因此，养护虽然可能看起来是一个被动的等待过程，但实际上它是预制板生产中一个技术性强、管理要求高的重要环节。

（三）预制板的连接方式及标准化连接

1. 预制板的连接方式

连接件是预制板在建筑中的关键组成部分，其类型和设计对于确保预制板结构的安全性、稳定性和耐久性至关重要。预制板的连接方式根据预制板连接件类型的不同，可分成以下几大类。

（1）钢筋连接。钢筋连接是预制板结构中至关重要的一个连接方式，它的设计和实施对于确保整个结构的稳定性、耐久性和安全性有着决定性的影响。

①插入式连接。在插入式连接中，钢筋是事先嵌入预制板中的，当板与板对接时，钢筋会被插入相邻板中的对应位置。这种连接方式的优势在于其简单

性和高效性，能够快速实现板与板之间的牢固连接。插入式连接还具有较好的力学性能，能够均匀分配荷载并提供良好的结构整体性，这对于维持预制结构的整体稳定和承载能力至关重要。在施工现场，这种连接方式还可以节省大量时间和人力，降低现场施工和连接工作的复杂性。

②套筒连接。套筒连接是一种更为复杂和精细的连接方式，它涉及将预制板中的钢筋端部插入一个共用的套筒中，并使用黏结剂或机械手段来固定这些钢筋，如环氧树脂等黏结剂可以提供额外的黏结强度，螺纹或其他机械手段则提供了额外的物理锁定，从而保证连接的牢固性和持久性。这种连接方式特别适用于那些需要承受较大荷载的结构（如高层建筑或大跨度建筑物），能提供更高的对位精度和更强的连接强度。

③焊接钢筋连接。焊接钢筋连接是一种更为永久性的连接方法，它涉及将相邻预制板中的钢筋端部直接焊接在一起。这种方法的优点是能够提供极高的连接强度，使整个结构更为坚固和稳定，在那些对结构强度有着严格要求的应用场景中，焊接钢筋连接是一种理想的选择。焊接过程需要专业的技术和设备，并且对施工人员的技能要求较高。此外，焊接接头的质量控制也非常重要，以确保连接的均匀性和可靠性。

（2）锚固件连接。锚固件是预制板结构中的关键组成部分，用于将预制构件牢牢地连接到其他结构元素上，如钢结构、混凝土基础或现场浇筑的结构部分。

①螺栓锚固。螺栓作为一种机械式锚固系统，它通过机械膨胀或与预制板中的嵌入式锚杆结合，能够提供牢固的连接。螺栓锚固在预制板安装中发挥着至关重要的作用，这种类型的锚固具有高度的可靠性和稳定性，能够承受较大的拉力和剪力。螺栓锚固的显著优点是具有可调整性，安装过程灵活且允许一定程度上的现场调整，这对于对齐和定位预制板尤为重要，尤其在复杂的施工环境中。在设计时，工程师需要考虑螺栓的尺寸、材料和强度等级，以确保它们满足结构设计要求。螺栓锚固的安装需要严格遵守施工规范和安全标准，以确保整个结构的安全和稳定。

②钉子和其他锚固系统。除了螺栓锚固，钉子和其他类型的锚固系统（如楔形锚、黏接锚、化学锚栓等）也在预制板安装中起着重要作用，这些系统通

常用于较轻的结构元素或无法使用大型螺栓的场合。钉子锚固通常用于较轻的附加件或临时固定，它们易于安装，但承载能力有限。楔形锚和黏接锚则提供了更多的灵活性，特别是在固定重型预制板或需要更高承载能力的应用中。在选择这些锚固系统时，工程师需要考虑材料的性能、锚固深度、环境条件（如湿度、温度、化学腐蚀性等）以及预期的荷载类型。

（3）连接板和连接槽连接。连接板和连接槽在预制板的连接中扮演着重要的角色，它们不仅提供了一种结构上的连接方式，还确保了预制板之间的精确对接和整体结构的完整性。

①金属连接板。金属连接板主要用于将预制板与金属结构件（如钢梁或钢柱）连接起来，这些连接板通常由高强度钢制成，能够承受较大的荷载和应力，确保结构的稳定性和安全性。连接板的设计通常是定制化的，以满足具体工程的需求，它们的形状、尺寸和厚度需要根据预制板的类型和所需的连接强度来确定。连接板的安装方法包括螺栓连接和焊接，螺栓连接提供了一定的灵活性和调整空间，便于施工和维护；焊接则提供了更为牢固的固定，适用于承受更高荷载的结构。在设计和安装金属连接板时，工程师需要考虑连接的力学性能、耐腐蚀性能以及长期的耐久性，确保连接板能够在整个建筑物的使用寿命内保持其性能。

②连接槽。连接槽是预制板连接中常用的一种方法，尤其是在连接大型或重型预制板时。连接槽通常设置在预制板的边缘，使相邻板之间可以精确对接。这些槽可以在预制板的制造过程中预先铸造，也可以在安装现场通过切割或铣削等方式加工形成。连接槽的设计需要考虑板材之间的对齐精度、连接的牢固程度以及施工的便利性。在某些情况下，操作人员可能还需要使用垫片、密封材料或其他附件来确保连接的密封性和防水性。连接槽的优势在于它提供了一种简单、有效的连接方式，特别适用于需要快速安装的项目，便于将来的维护和更换。

2. 预制板的标准化连接

预制板的标准化连接在现代建筑工程中起着至关重要的作用，涉及采用通用的、统一的连接系统（包括标准化的接头、螺栓、插销或其他连接器件），确保各种不同的预制板能够无缝对接，从而提高施工效率、加快施工进度，并降低成本。模块化设计的预制板使各个板块可以轻松组合，标准化的连接点设计既简化了安装过程，又提高了材料的通用性和成本效率，使在不同建筑项目中重复使用相同规格的预制板成为可能。标准化连接通过精确的设计和制造，能够确保预制板之间的结构可靠性和稳定性，满足建筑所需的荷载，保障结构的安全性。此外，标准化连接的设计还考虑了长期维护的便利性，在需要更换或维护时，标准化部件可以被容易地拆卸和替换，从而降低长期运营成本。

第三节　辅助功能系统的标准化设计

一、中小学建筑结构中的辅助功能系统

中小学建筑结构的辅助功能系统主要涉及那些为确保建筑正常运行和使用所需的各种系统和设备，主要包含以下几种。

（一）供暖、通风和空调系统

供暖、通风和空调（heating, ventilation and air conditioning, HVAC）系统在中小学建筑中的主要职能是确保校园内的温度控制和空气质量，创建一个对学习和教学都有利的环境。合适的温度和优质的空气质量能够直接影响学生和教师的舒适度和健康，因此一个有效的 HVAC 系统对于维护一个良好的教育环境是至关重要的。

在教室中，适当的温度和新鲜空气的流通对于维持学生的注意力和学习效率非常重要，过热或过冷的环境都可能分散学生的注意力，降低他们的学习效率。HVAC 系统通过提供恒温环境，能确保学生在最适宜的环境中学习，而且良好的空气质量还能减少细菌和病毒的传播，对于预防学校内的传染病流行尤为重要。HVAC 系统在图书馆、实验室和体育馆等特殊场所同样发挥着十分重要的作用。例如，在图书馆中，适宜的温度和湿度不仅能为学生提供舒适的学习环境，还能保护书籍不受损害；在实验室中，特别是化学和生物实验室，良好的通风系统能够有效排除有害气体和臭味，保证实验的安全进行；在体育馆中，一个有效的 HVAC 系统可以调节湿度，避免地板过于光滑，降低运动时受

伤的风险。

现代的 HVAC 系统通常使用先进的温度控制技术和节能设计，可以显著降低学校的运营成本，同时减少对环境的影响，具备能源效率高和环境友好的特点。例如，可变空气体积系统和节能型空调设备可以在不牺牲舒适度的前提下，大幅降低能源消耗。

（二）电气和照明系统

在教室中，足够且均匀的照明可以有效保护学生视力，提高学生注意力。自然光的有效利用，结合节能的人工照明，可以创造一个既舒适又高效的学习环境。电气和照明系统在中小学建筑中发挥着至关重要的作用，它不仅能够确保教育活动的顺利进行，还对学生的学习效果和教师的教学效率有着直接的影响。更重要的是，这一系统涵盖了从基本照明到高级电力管理的各个方面，是现代教育设施十分重要的一部分。基于此，照明系统的设计需要满足教育环境的特殊要求。例如，可调光的 LED 灯具可以根据自然光线的变化和特定的教学活动来调整照明强度和色温。

照明系统在实验室、图书馆、体育馆等特殊区域同样至关重要，其设计需要考虑到空间的特定需求，如实验室中的照明强度必须确保实验操作的准确性和安全性，而图书馆中的照明强度需要更加柔和和分散的照明，以减少眼睛疲劳。

随着科技的发展，现代教学越来越依赖电子设备（如电脑、投影仪、智能黑板等），确保这些设备稳定运行的电力供应是必不可少的，因此电力系统的设计和管理同样至关重要。如今的许多学校为了提高能源效率和减少环境影响，正在采用更加智能和可持续的电气和照明解决方案，如使用太阳能板来代替传统电力供应，以及安装能源管理系统来监测和控制能源消耗。这些措施不仅能够降低运营成本，还能为学生提供学习可持续发展的实际案例。

（三）信息与通信技术系统

随着科技的快速发展和数字化教育的普及，信息与通信技术（information and communication technology, ICT）系统已成为现代教育体系十分重要的一部分，它不仅改变了传统的教学和学习方式，也为学校管理带来了革新，在中小学校园中发挥着至关重要的作用。

校园网络是 ICT 系统的基础，它能为学校内的所有数字设备提供互联网连接，所以这个网络必须具备高速度和高可靠性，以支持大量数据传输和多媒体内容的流畅运行。高效的网络基础设施不仅能为学生和教师提供访问丰富教育资源的途径，还支持在线学习和远程教学的实施。因此，网络的设计和管理必须确保足够的带宽和覆盖范围以及网络的稳定性和连续性，特别是在考试和重要教学活动期间。如今，智能黑板、投影仪、平板电脑和音响系统等多媒体设备已成为现代教育的标准配置，通过这些设备，教师可以更直观地解释复杂的概念，使教学内容更加生动，有助于提高学生的学习兴趣和参与度，从而提高教学效果。所以，教室内的 ICT 系统还应全面覆盖这些设备，支持自适应学习和个性化教育，允许教师根据学生的学习进度和需求调整教学内容和进度。除此之外，ICT 系统还包括学校管理软件和平台，如学生信息系统、在线评分系统和电子图书馆等，这些系统能够提高学校管理的效率和透明度，使教师和家长更好地追踪学生的学习进展和表现情况，学校也可以通过这些平台有效地进行课程规划、资源分配和教育分析。

随着学校越来越依赖数字技术，数据的安全和隐私保护变得尤为重要，学校需要部署有效的网络安全措施（如防火墙、病毒防护软件和数据加密技术），以防止数据泄露和网络攻击。此外，网络安全教育也应成为师生日常教学和学习的一部分，以提高他们对网络安全的意识和应对能力。

（四）安全监控系统

随着学校安全问题日益受到关注，包括闭路电视（closed-circuit television, CCTV）、门禁控制、报警系统等多个组成部分的安全监控系统的重要性不言而喻。这一系统构成了校园的安全防护网，是确保学生和教职工安全的基石，在中小学校园中发挥着至关重要的作用。

CCTV 系统是校园安全监控的核心，学校通过连接校园关键区域安装的监控摄像头的闭路电视，能够实时监测校园内的活动，及时发现和应对潜在的安全威胁。摄像头通常安装在校园入口、走廊、操场、食堂等公共区域，可以确保对校园内的主要活动区域有全面的视野。CCTV 系统不仅能起到威慑潜在犯罪的作用，还能在发生安全事件时提供关键的视觉证据。

门禁控制系统可以赋予管理人员进出的权限，确保只有授权的个人能够进入校园或特定区域。这种系统通常包括磁卡、指纹或面部识别等电子身份验证方式，通过严格控制进出权限，能够大大提高校园的物理安全。这种系统还有助于跟踪学生和教职工的出勤，可以在紧急情况下快速确定人员的位置。

报警系统是另一个关键组成部分，它在检测到潜在威胁时能够及时发出警报，包括入侵报警、火灾报警和其他紧急情况报警。一旦发生紧急情况，报警系统能够迅速通知校园安全人员和外部紧急服务机构，确保及时的响应和处置。

如今，许多学校还在安全监控系统中整合了先进的技术，如移动监控应用、人工智能分析和云数据存储，这些技术不仅能够提高监控系统的效率和灵活性，还能增强数据分析和事件预防的能力。

（五）消防系统

学校是大量未成年学生的集中地，因此确保在发生火灾等紧急情况时的安全变得尤为重要。一个完备的消防系统包括消防报警器、喷淋系统、消防设备等多个关键组成部分，它们共同工作，可以预防火灾的发生，并在火灾发生时有效地控制和消除火势，因此消防系统在中小学校园的安全管理中扮演着至关重要的角色。

消防报警器是消防系统的第一道防线，这些报警器可以检测到火灾的早期迹象（如烟雾或异常高温），从而及时发出警报。在学校中，报警器通常安装在教室、走廊、图书馆、实验室等关键区域，一旦检测到火灾迹象，报警器会立即启动，发出响亮的警报声并通知校园内的人员迅速疏散，同时自动通知消防部门和学校安全人员。在火灾发生时，喷淋系统可以自动启动，将水喷洒到火源区域，以减缓火势的蔓延。喷淋系统特别适用于实验室、食堂等火灾风险较高的区域，因此喷淋系统的设计需要确保能够迅速覆盖到所有关键区域，同时考虑水压和水量，以确保其在关键时刻的有效性。灭火器、消防水带、消防斧等消防设备也是消防系统十分重要的部分，这些设备一般分布在校园的各个角落，方便人员在紧急情况下快速取用。为了提高校园内人员的消防意识和应对能力，学校可以定期展开消防演练和培训，通过模拟火灾情况，教授学生和教职工如何正确使用消防设备，以及在火灾发生时的逃生路线和疏散策略。

现代消防系统还可以应用智能感应器和远程监控系统等先进的技术，提高火灾检测的准确性和及时性，同时使消防部门和学校管理人员能够远程监控消防系统的状态。

二、辅助功能系统的标准化设计

对于建筑的辅助功能系统来讲，设备管线的标准化设计是建筑设计与施工的核心，是实现建筑高效、经济、安全和可持续发展的关键因素之一。根据管线分离原则，设备或管线与结构构件的连接应优先采用预留预埋件的方式，以保证结构构件的完整性和结构安全。在施工前，施工人员必须依据设计文件仔细核对设备及管线参数，并复核结构构件预埋套管及预留孔洞的尺寸和位置，确保满足设计要求后方可进行施工。为了满足装配式混凝土公共建筑的整体要求，设备及其管线和预留孔洞（管道井）的设计应实现构件规格的系列化和模数化；在围护结构安装完成后，施工人员应避免凿剔沟、槽、孔、洞等操作，以免破坏结构安全；有装饰吊顶的部位应优先考虑采用吊顶内明敷管线的方式；当条件限制只能暗敷时，则应在现浇层或建筑垫层内进行，并遵循国家现行相关标准的规定。

根据建筑功能和使用要求，装配式建筑的电气和智能化管线设计应划分标准化设计单元，并尽量统一和集中末端设备的布置，因此采用标准化电气和智能化设备以及合理的布线方式是必要的。竖向主干线应设置在公共区域的电气竖井内，而强弱电设备（如配电箱、设备箱等）不宜安装在预制构件上，若无法避免，则应通过预留预埋件来固定。电气管线的预留应考虑维修和更换的需求，竖向管线宜集中敷设。预制构件上的接线盒和连接管等应做预留，并准确定位出线口和接线盒，避免在预制构件的受力部位和节点连接区域设置孔洞及接线盒。电气水平管线宜在吊顶内敷设，若必须暗敷，则应在现浇层内进行，且暗敷的管线规格和型号应符合现行相关规范要求。电气管线和接线盒在叠合楼板内的布置要求，以及管线的燃烧性能等级、埋设深度等，都应遵循严格的规定。此外，电气管线和弱电管线在楼板中的敷设应进行综合排布，避免同一点出现多根管线交叉。预制构件预留孔洞和管线应与建筑模数、部品部件相协调，确保同类电气设备和管线的尺寸及安装位置的规范统一，并在预制构件上精确定位。设备和管线接口的设计应通过综合设计及管线集成技术提高集成度，避免敷设在混凝土结构或混凝土垫层内，不宜通过结构构件表面开凿或剔凿等方式设置。

（一）HVAC 系统的标准化设计

能效标准和空气质量控制是 HVAC 系统标准化设计中的两个关键因素，对于提高系统的性能至关重要。

在能效标准方面，高效的 HVAC 系统必须遵守相关的能效规定和标准，如分体式房间空调器的能效等级应不低于《房间空气调节器能效限定值及能效等级》（GB 21455—2019）规定的 3 级能效；多联式空调（热泵）机组的全年性能系数以及电机驱动压缩机的单元式空调机的制冷季节能效比和全年性能系数应不低于《建筑节能与可再生能源利用通用规范》（GB 55015—2021）的规定；电机驱动蒸汽压缩循环冷水（热泵）机组的制冷性能系数和综合部分负荷性能系数应满足《建筑节能与可再生能源利用通用规范》（GB 55015—2021）和《绿色建筑评价标准（2024 年版）》（GB/T 50378—2019）的规定。通常情况下，高效的 HVAC 系统可以通过使用变频压缩机和节能型热交换器等先进的技术，显著降低能源消耗和运营成本，其中变频压缩机可以根据实际的冷暖需求调节功率，从而降低不必要的能耗；节能型热交换器则可通过提高热能转换效率，减少热能的损失。

在空气质量控制方面，高效的 HVAC 系统必须确保室内空气质量符合健康标准，换言之，HVAC 系统需要确保具备适当的通风率，以保证室内空气的新鲜和流通。高效的空气过滤器能够有效去除空气中的污染物，如挥发性有机化合物（volatile organic compounds, VOCs）、二氧化碳、尘埃和其他微粒，这对于减少呼吸道疾病、提高室内居住者的整体健康状况至关重要。HVAC 系统还可以搭配智能控制系统，实时监测和调节室内空气质量，通过实时数据分析来优化通风和过滤系统的性能。例如，HVAC 系统搭配二氧化碳传感器可以监测室内的二氧化碳水平，并在必要时调整通风率，保证空气质量。温度和湿度控制是维持室内环境舒适度的核心，适当的温度和湿度对于人的舒适感、健康以及建筑内的设备运行都至关重要，如湿度过高或过低可能导致建筑材料的膨胀或收缩，影响建筑材料的寿命，甚至导致霉菌生长，影响居住者的健康。通常情况下，有效的温度和湿度控制需要通过高效的供暖和制冷系统来实现，同时配合适当的通风和空气循环。在实验室或图书馆等特殊场所，对温度和湿度的控制还需要更加精确，以保护敏感的设备或材料。系统的尺寸和配置能够直接决定系统的有效性，一个过大的系统可能会导致能源浪费，一个过小的系统则可能无法满足制冷或供暖需求，正确的系统尺寸不仅能够确保高效的能源使用，还能提供持续的舒适环境，对于中小学建筑来讲，空间基本相同的情况下可以采用统一设计。

为了保证 HVAC 系统的长期高效运行，设计师在设计时应该考虑使用易于维修的组件和模块化的设计，这样可以大大简化维护工作，降低系统的长期运营成本。设备安装的位置应注意噪声控制，选择低噪声的设备或采用有效的隔声材料可以降低噪声传播。除此之外，设计师可以通过系统化、模块化的布局和设计实现噪声的最小化，其中模块化设计意味着系统的各个部分可以被独立地更换或升级，而不需要对整个系统进行干预。HVAC 系统还可以搭配智能控制系统，通过自动调整设置和提醒维护需求来优化系统性能，减少人为操作错误的可能性。例如，现代 HVAC 系统可以配备传感器来监测系统的运行状态和效率，自动检测和诊断潜在问题，并向维护人员发出及时的警告。

目前，普通教室空调基本采用分体式，即 1 间标准教室设置 1 台壁挂机和 1 台柜机；实验室等功能教室由于有吊顶，空调室内机可采用吸顶式，室外机可放置于空调板或屋面；报告厅由于空间比较大，一般采用中央空调，可以采用屋顶机或高静压风管机等。分体空调作为当前市场上主要采用的普通教室空调，其优势有价格合理、安装方便、不需要结合吊顶设计、控制灵活、方便开启、有利于节约用电。分体空调和装配式建筑相结合时，需要预留直径为 80 mm 的安装孔，壁挂机的冷凝水和冷媒管可合用安装孔，安装孔有利于冷凝水排放；柜机的冷凝水和冷媒管也可合用安装孔，安装孔位置在距地 300 mm 的距离。

（二）电气和照明系统的标准化设计

电气和照明系统的标准化设计是现代建筑规划中的一个关键环节，涉及多个重要方面，如电气安全标准的遵守、能效和节能设计的实施以及合理布局和充足照明。

校园照明设计主要参照以下规范：《建筑节能与可再生能源利用通用规范》（GB 55015—2021）、《建筑电气与智能化通用规范》（GB 55024—2022）、《建筑防火通用规范》（GB 55037—2022）、《教育建筑电气设计规范》（JGJ 310—2013）、《建筑照明设计标准》（GB/T 50034—2024）、《消防应急照明和疏散指示系统技术标准》（GB 51309—2018）、《中小学校普通教室照明设计安装卫生要求》（GB/T 36876—2018）、《中小学校教室采光和照明卫生标准》（GB 7793—2010）。这些标准涵盖了从电线规格、断路器选择到整个系统的接地方法等诸多方面，遵守这些标准可以确保电气系统的安全性，预防电气火灾和其他电气事故的发生。严格遵循这些标准不仅是法律要求，也是保障建筑内人员安全的重要措施。由于基础教育建筑规模的限制，供电电压通常以 10 kV 为主，小负荷的学校用户，用电设备总容量在 250 kW 以下时可接入地区市政低压电网。总体来讲，一般中小学用电指标为 12 ~ 20 W/m，变压器装置指标为 20 ~ 30 W/m（不含空调负荷）。

为了保证能效并实现节能设计，电气系统应采用高效的设备和技术，如使用寿命更长、更节能的 LED 照明，LED 相比传统的白炽灯和荧光灯能效更高，还能提供更好的光质和更低的维护需求。学校还可以安装光线传感器和运动传感器，集成根据室内光线强度或占用情况自动调节照明水平的智能照明系统，进一步提升能效，减少不必要的能源浪费。

合理的布局和充足的照明也是电气和照明系统标准化设计中的重要考虑因素，只有经过合理布局，系统才能确保所有区域（尤其是工作区和公共区域）都能得到均匀且适量的光照。设计师在设计时不仅要考虑到光线的分布和强度，还要注意光的颜色温度，以提供最适宜的视觉体验。例如，在办公室和学习空间，使用接近自然光的颜色温度可以提高工作效率、减少眼睛疲劳；而在休闲和放松的空间可以选择更温暖、柔和的光源。

电气和照明系统的灵活性和可扩展性设计意味着系统应该能够更容易适应未来的升级或改造，所以设计师在设计时通常会考虑预留足够的电缆管道和配电板空间，以便未来的扩展或更改可以轻松实施。例如，在新建筑或翻新项目中预留额外的电缆通道，可以在未来轻松添加新的电气线路或通信设备。这种预见性的设计方法不仅能够提高建筑的长期价值，还能减少将来升级时的干扰和成本。随着全球对可持续发展的关注日益增加，设计师在设计电气和照明系统时应更多地考虑使用节能设备和可再生能源，如应用太阳能照明系统和节能的 LED 照明可以减少能源消耗，降低环境影响。设计师还应考虑减少电磁干扰和光污染，以减轻对环境和周围社区的影响。

此外，智能和自动化技术的集成正在改变电气和照明系统的运作方式，通过智能化，系统不仅能提高能效，还能提升用户体验。例如，自动化控制可以根据房间的占用情况调节照明，监控能源使用情况，甚至允许用户通过智能设备远程控制照明和电气设备。这种智能化不仅能够提高便利性和效率，还有助于减少能源浪费，为用户提供更加定制化的体验。

（三）ICT 系统的标准化设计

在现代建筑设计中，ICT 系统的标准化设计是一个复杂且多方面的过程，涉及网络基础设施、数据中心和服务器室的标准化设计以及安全和隐私保护的措施。

网络基础设施是现代建筑中十分重要的一部分，一个高效的网络基础设施应包括全面的有线和无线覆盖，以支持各种设备和应用的无缝连接。其中，有线网络提供了稳定性和高速度，特别适合数据密集型的操作，如大文件传输和高清视频会议；无线网络则提供了灵活性和便利性，使用户能够在建筑内自由移动而不中断网络连接，其标准化设计需要考虑覆盖范围、网络容量、信号强度和干扰管理，以确保网络的高性能和用户满意度。

数据中心和服务器室是数据存储和处理的核心空间，必须确保充足的服务器容量和备份设施，以满足大量数据存储和处理需求。这不仅包括物理空间的规划，还包括高效的冷却系统和能源管理系统，因为服务器运行产生的热量如果不妥善处理，可能会导致设备过热和性能下降，所以有效的冷却系统是数据中心设计的关键。数据中心作为能源消耗的主要来源之一，能源管理系统也至关重要。因此，数据中心和服务器室的标准化设计需要采用大存储量的空间和数据硬件，同时搭配最高效的冷却系统，采用节能技术和智能能源管理解决方案，显著降低能源成本并减少环境影响。

随着数据泄露和网络攻击事件的增加，强化网络安全措施变得尤为重要，所以安全和隐私保护也是 ICT 系统设计的核心领域之一，包括部署先进的防火墙和加密技术，以保护网络和数据免受未经授权的访问和攻击。其中，保护数据隐私是设计的关键部分，特别是在处理敏感信息时，需要考虑遵守相关的法规和标准，以确保数据处理和存储的合规性。

用户接入点的标准化设计是以网络基础设施标准化设计为基础形成的借助足够的插座和网络接入点满足用户日常需求的设计。通常情况下，接入点应遍布建筑的各个角落，确保无论用户在建筑的哪个位置都能轻松访问电力和网络服务。因此，接入点的标准化设计应考虑插座的充足数量和方便的位置，以适应智能手机和平板电脑等便携式电子设备的普遍使用。网络接入点也应广泛分布，确保提供稳定且高速的无线或有线网络连接，以支持各种在线活动，如视频会议、在线学习和远程工作。紧急和安全通信系统可以确保建筑内人员在火灾或其他紧急情况发生时收到有效的紧急通信和疏散指示，从而快速、安全地疏散。紧急和安全通信系统通常与公共广播系统、紧急报警系统联合工作，共同扮演着重要角色，提供及时的警告和指示，确保在紧急情况发生时能够迅速响应。这些系统的标准化设计需要简单直观，以便所有人员在紧急情况下都能迅速理解并采取行动。

（四）安全监控系统的标准化设计

在当今的建筑设计中，安全监控系统的重要性不容忽视，它能通过监控的全面覆盖、高质量的视频监控、充足的数据存储与备份以及有效的访问控制，确保建筑的安全性，这些也是安全监控系统标准化设计的基础。全面覆盖是安全监控系统标准化设计的核心，即安全监控系统需要覆盖建筑物的所有关键区域，包括入口、出口、紧急出口、主要走廊和公共区域，这种全面的覆盖策略确保了无论在建筑的哪个部分都能进行有效的监控，从而及时发现和应对可能的安全威胁。例如，在入口处安装的监控摄像头可以追踪进出人员，在公共区域的摄像头则有助于监控日常活动，确保安全和秩序。高质量的视频监控是实现有效监控的另一个关键因素，这一点一般需要通过安装高分辨率摄像头实现，确保监控系统能够获得清晰的视频画质，在必要时可以清楚地识别人员和活动。同时，考虑到不同的光照条件，现代的安全监控系统通常配备夜视功能，确保在光线较暗的情况下也能进行有效的监控，这一点保证了无论是在日间还是夜间监控摄像头都能捕捉详细的细节。

　　数据存储和备份功能也是现代安全监控系统十分重要的一部分，系统只有具备足够的数据存储能力，才能保留一定时间内的监控录像，这对于事后分析和证据收集至关重要。而且，重要的监控数据应及时备份，以防数据丢失或损坏，这一点可以使用云存储或物理存储设备来实现，确保关键信息的安全和持续可用。访问控制系统的集成可以进一步提高建筑的安全水平，尤其是结合了门禁卡扫描和生物识别技术的电子访问控制系统，它可以有效地限制未经授权的人员进入敏感区域，从而可以提高进入控制的准确性，提升监控系统的整体效能。例如，系统通过结合视频监控和门禁记录，可以更精确地追踪人员的动向和识别潜在的安全威胁；结合生物识别技术可以确保只有授权人员才能进入敏感或受限区域，有效防止未授权的访问。

　　此外，远程监控能力和集成报警系统可以在监控的基础上获得更重要的扩展，其中远程监控可以允许安全人员在无法到达现场的情况下也能通过远程访问，随时查看监控视频，评估安全情况，并在必要时迅速作出反应；而安全监控系统与火警和入侵报警系统的集成，意味着在出现火灾或未经授权的入侵时，系统能够迅速触发警报并通知相关人员，这种集成不仅提高了紧急情况处理的速度，还提升了整体安全管理的效率和效果。随着技术的发展和安全威胁的变化，系统需要定期进行维护检查和技术升级，包括软件更新、硬件检查和替换损坏的组件，以确保系统始终处于最佳状态。

（五）消防系统的标准化设计

　　在现代建筑设计中，消防系统的标准化设计是保障建筑安全的关键，涵盖了自动喷淋系统、火灾探测器和报警系统，以及紧急照明和防火隔离措施等内容。自动喷淋系统在现代消防系统标准化设计中扮演着核心角色，它可以在火灾初期自动激活，迅速喷洒水雾以控制或熄灭火焰，其高效的响应时间能够显著减少火灾可能造成的损害和人员伤亡。通常情况下，喷淋系统应是全面覆盖的，特别是在人员密集或火灾风险高的区域，以便确保建筑中的每个区域都在火灾发生时能得到及时保护。安装在建筑关键位置的火灾探测器能够快速检测到火灾的早期迹象（如烟雾或异常高温），并结合响亮且清晰的警报系统，在火灾发生时，迅速通知所有人员，便于人员的快速疏散，这种及时的警报对于最大限度地减少火灾对人员安全的威胁至关重要。而紧急照明和指示标志能够在火灾发生时或者在电力故障和烟雾影响视线的情况下提供必要的照明，帮助人员找到最近的出口，指导人员安全疏散。清晰的疏散指示标志能够指引人员迅速而有序地离开危险区域，减少在混乱中可能发生的伤害。

　　此外，防火隔离和材料选择也是消防系统标准化设计的重要部分，在恰当的位置安装满足规定尺寸要求的防火墙和防火门或使用高效的防火材料，可以有效地隔离火源，构建有效的防火隔离区域，控制火势蔓延，这些措施不仅能保护建筑的结构完整性，还能为人员撤离赢取宝贵时间。

第四章　装配式中小学教学楼标准化设计

第一节　装配式中小学教学楼平面标准化设计

一、装配式中小学教学楼平面设计方法

（一）教学空间划分与模块化

装配式中小学教学楼的平面设计是一种以模块化为核心的建筑规划方式，旨在通过有效的空间划分和灵活的设计来满足教育环境的多样化需求。这种设计方法的关键在于空间类型划分与模块化，具体包括以下几个方面。

对整个教学楼来讲，它根据空间类型的不同可以划分为两大类，分别是教学单元和辅助单元，其中教学单元包含了教室和实验室等主要的教学活动空间，辅助单元则涵盖了教师办公室、卫生间等非直接教学的支持空间，这样划分可以确保建筑的每个部分都能最大限度地发挥其功能价值。在教学单元中，空间被进一步细分为大、中、小三种教学单元模块，大模块可能用于大型活动或集会，中模块适合普通教学活动，而小模块可能用于小组学习或辅导活动，这样的细分使空间能够灵活地适应不同的教学需求和学生活动。而在辅助单元中，空间可以根据用途划分为各种辅助单元模块，如教师办公室模块、卫生间模块、储藏室模块和技术支持模块，这些区域的设计注重实用性和功能性，以支持教学楼的日常运行。教学楼常见的学习空间类型如图4-1所示。

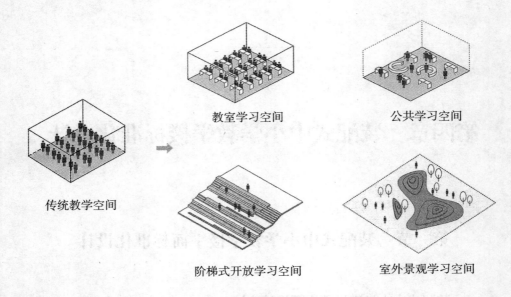

传统教学空间　　教室学习空间　　公共学习空间

阶梯式开放学习空间　　室外景观学习空间

图 4-1 教学楼常见的学习空间类型

　　在装配式中小学教学楼的平面设计中，功能性与效率以及灵活性与可持续性是设计的重要考量，这些设计原则不仅确保了学校建筑能够有效地满足教育需求，还考虑了长期使用和环境影响。功能性和效率主要体现在普通教室、专用教室等各种教学空间的划分和设计上，即每个空间都根据其特定的教学需求进行精心规划，从而确保每个区域都能最大限度地发挥其用途。例如，普通教室可能被设计得足够大以容纳一定数量的学生，同时保证充足的活动空间；专用教室（如实验室或音乐室）则根据其特定的设备和活动需求进行定制。这种按需划分的方法不仅能够提高空间的使用效率，还能为学生和教师创造更加适宜的学习和教学环境。灵活性与可持续性则是模块化设计的核心，它依托快速建造和灵活调整的能力，使学校建筑能够随着学校的发展及时适应变化的教育需求和学生人数，如实时增加新的教室和功能区或者重新配置现有空间以满足新的需求。这种灵活性不仅减少了长期的维护和改建成本，也使学校能够持续适应教育发展的不断变化。

　　此外，模块化设计是对环境极为友好的一种建造方式，可以在建筑过程中选择使用环保和可持续的材料，如再生材料和节能设备。这样不仅能够减少建筑对环境的影响，还有助于降低长期运营成本。模块化设计也可以使建筑在整个使用寿命内不断满足新的使用需求，从而避免因功能过时而导致的建筑废弃。

（二）尺寸模数与标准化

在装配式中小学教学楼的平面设计中，尺寸模数和标准化是最为核心的概念，是实现高效、灵活、可持续的空间规划的基础。中小学教学楼的平面设计需要根据教学活动的具体需求和空间使用效率，精心确定各个单元模块的尺寸模数，换言之，无论是教室、实验室、图书馆还是其他辅助空间，每个模块的尺寸都应既能满足其特定功能，又能优化空间利用和人流动线。因此，设计师在确定尺寸模数时应考虑一系列因素，如学生的人数、教学活动的性质、必需的家具和设备空间以及未来可能的空间需求变化。通过这种方法，建筑的每个部分都能以最高效的方式利用空间，同时保持足够的灵活性以适应未来的变化。例如，一个标准的教室模块可能被设计成可以容纳 30～40 名学生的尺寸，而实验室或特殊功能房间可能需要更大的空间以容纳特定的设备和活动区域。

此外，标准化设计在这些单元模块内部的实施同样至关重要，因为标准化不仅涉及尺寸，还涉及使用的材料、内部布局、家具配置以及装饰风格，这些内容的标准化设计可以确保建筑的整体协调性和功能性，同时简化维护和升级过程。所有教室都采用统一风格的家具和相同类型的教学设备不仅有助于创造一个统一和谐的学习环境，还能方便日常的维护和管理。尺寸模数和标准化设计的结合能够使装配式中小学教学楼的平面规划不仅高效实用，而且具有很强的适应性和可持续性，能够使学校建筑更好地服务于教育目的，同时为未来的扩展和改造提供方便，确保长期的有效利用，灵活应对教育需求的变化。

（三）模数协调

在装配式中小学教学楼的平面设计中，模数协调一直扮演着核心角色，它是模块化集成、空间组织协调、建筑灵活设计的关键，能够确保建筑的功能性、美观性以及未来的可扩展性。具体来讲就是，设计师通过精心协调各单元模块的模数序列，建立起一个统一和谐的设计语言，这意味着，无论是教室、实验室还是辅助空间（如卫生间和办公室），它们的设计都应遵循相同的比例和尺寸规范，确保整个建筑在视觉和功能上的连贯性。模数关联的建立能够进一步确保不同单元模块之间的无缝对接，无论是在内部布局还是在外部结构上，每个单元都能够和谐地融入整体设计中，避免可能的不协调和功能重叠。

对中小学教学楼来讲，每个单元模块都应被设计为具有独立功能，同时能够与其他模块有效结合，形成一个连贯整体的形式，强调设计的灵活性和扩展性，有助于实现模块化集成与空间组织协调。这种模块化集成可以使整个空间布局更加灵活，并为未来可能的改造或扩建提供便利。例如，随着学校发展的需要，模块化集成无须进行大规模的结构改动就可以轻松添加额外的教室或办公空间。走廊、楼梯等特殊的交通空间在建筑设计中也扮演了至关重要的角色，它们不仅是连接各个功能单元的物理路径，更是确保建筑内部流畅人流和高效空间利用的关键，所以这些空间的设计需要既能满足日常使用的便利性，又能在紧急情况下提供安全的疏散路线。装配式中小学教学楼的平面标准化设计如图 4-2 所示。

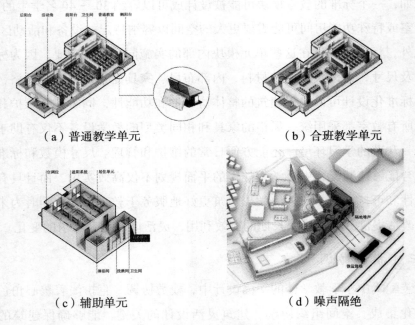

图 4-2　装配式中小学教学的楼平面标准化设计

二、中小学教室的标准化设计

（一）中小学教室的定义和分类

1. 教室的定义

中小学教室是学校建筑的重要组成部分，是专门用于教学和学习的场所，也是知识传递和获取的主要场所。在教室中，教师拥有一个专门的平台进行教学，学生则在这个空间内学习和互动。教室是一个激发创意的空间，不仅能帮助学生吸收知识，还能让学生学会如何运用这些知识发展其思考和解决问题的能力。教室也是学生之间交流和协作的重要场所，对于社交技能和团队合作能力的培养至关重要。在教室中，学生可以学习如何表达自己、倾听他人、共同工作以及尊重不同的观点和背景。

2. 教室的分类

在中小学教育环境中，教室的分类体现了对不同学习需求和发展阶段的深刻理解。教室的多样化不仅能够满足不同学科的教学需求，还能支持学生在不同年龄阶段的学习和个人发展每一类教室都能为学生提供最佳的学习体验和成长支持，体现了教育环境设计的多元化和对学生全面发展的承诺。

（1）从年级角度划分。从年级角度来讲，教室可以被划分为两大类。第一类是低年级教室，即专为小学低年级学生设计的教室。这类教室的核心目标是创造一个安全、亲切并鼓励学习的环境，满足年幼学生的特殊需求。第二类是高年级教室，即为小学高年级和中学生设计的教室。这类教室强调的是技术设施和学习资源的整合，因为年纪稍大的学生已经能够有意识地了解并学习知识了，所以这类教室需要配备更先进的教学工具（如智能黑板、计算机和科学实验设备），以支持更高级别的学习项目和科学实验。

（2）从学科角度分类。从学科角度来讲，教室也可以被分为两大类。第一类是普通教室，是基础学科的主要教学空间。这类教室通常配有标准的桌椅、黑板或智能黑板，以及必要的存储空间，部分普通教室还可能配备投影仪和音响系统等多媒体设备，用以支持数字化学习，增强教学效果。第二类是专用教室，包括实验室、艺术教室、活动教室、语言教室等有特殊作用的教室。实验室是学生做实验的场所，需要配备实验台、相关科目（如物理、化学、生物）的实验设备，以及保证实验安全的紧急淋浴、眼洗站和专业的通风系统等安全设施。艺术教室是专门针对美术、音乐等艺术教学设计的教室，这类教室需要有特殊的存储空间，用于放置画布、颜料、乐器等艺术用品，其中美术教室还可能会有专门的雕塑、陶艺设备；而音乐教室可能需要配备练习室，并搭配各种专业的乐器和音响系统。活动教室是用于体育教学和活动的专用空间，可以进行排球、羽毛球和体操等体育活动，需要具备足够的活动空间、安全的运动地面、必要的体育设备，以及更衣室、淋浴设施和存储空间等。语言实验室则是专门用于外语教学、语言学习和练习的专用教室，通常配备语音分析软件、录音设备和听力练习设施，这些工具能够帮助学生提高发音、听力和口语交流能力，部分先进的学校还配备了隔声良好的个人学习舱，方便学生在其中进行无干扰的语言练习。

（二）普通教室的标准化设计

1. 普通教室的尺寸和布局

在现代教育环境中，普通教室的标准化设计不仅能提供基本教学空间，还能创造一个有利于学习和教学的环境。标准化设计在尺寸和布局上需要考虑足够的空间来容纳一定数量的学生。根据《中小学校设计规范》（GB 50099—2011）中的规定，普通教室一般按照标准设计为 8.4 m × 10.8 m 的单间尺寸，其中需要容纳 50 个座位以及相应的储物柜、洁具间、班级文化建设园地。中小学普通教室的模块平面尺寸如图 4-3 所示（图示尺寸单位为 mm，其他图示尺寸单位均相同，在此统一说明）。

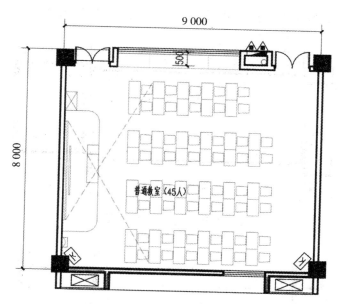

（a）小学普通教室模块平面

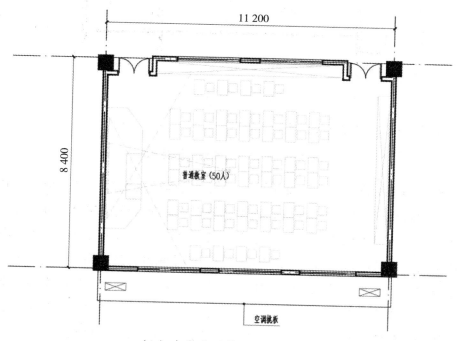

（b）中学普通教室模块平面

图4-3　中小学普通教室的模块平面尺寸

中小学普通教室的剖面图如图 4-4 所示（图中 H 表示高度）。

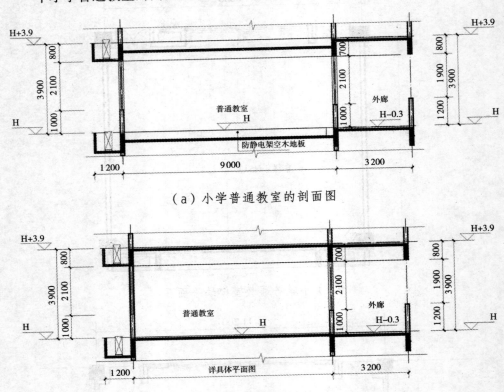

（a）小学普通教室的剖面图

（b）中学普通教室的剖面图

注：门窗洞口尺寸仅为示意，可根据需求设计。

图 4-4　中小学普通教室的剖面图

根据相关标准，通常情况下，小学教室的标准规模为 45 人 / 班，普通教室生均建筑面积不低于 1.36 m²，而中学教室的标准规模为 50 人 / 班，普通教室生均建筑面积不低于 1.39 m²。这不仅考虑到了学生的坐姿空间，还考虑到了教师的活动区域和适当的走道空间。教室前端侧窗的窗端墙、窗间墙等尺寸宜根据内外墙（板）600 mm 模数的整数倍进行设计；在教室外门窗满足节能要求、可开启窗扇面积满足通风要求的条件下，门窗洞口的尺寸宜与条板的模数相协调；疏散走道宽度净尺寸应采用 600 mm 的整数倍，单侧走道及外廊净宽应不小于 1 800 mm，内走道净宽应不小于 2 400 mm；教室的桌椅尺寸按统一尺寸布置，每个学生都要设置一个小型储物柜，置于教室侧墙位置。这样的布局能够确保学生和教师在教室内的舒适移动，同时有利于维护课堂秩序和高效的教学活动。

教室的标准化设计除了要注重标准性，还要注重实用性和舒适性。学生桌椅的设计应符合人体工程学原则，确保学生在长时间学习过程中的舒适性和健康，同时考虑耐用性和安全性；教师讲台作为教学的核心区域，通常需要配备必要的教学设备，如电脑、演示设备等；黑板或智能黑板的位置和大小也应被精心设计，确保所有学生无论坐在教室的哪个位置都能轻松看到，并有效支持现代化的教学方式；足够的储物空间可以帮助学生和教师更好地组织和存放教科书、学习材料、个人物品等，不仅有利于保证个人物品的安全，还能减少教室内的杂乱；教室内还应配备书架和柜子，用于存放共享的学习资源和教学材料；普通教室宜设置清洁间，以留出放置清洁工具和拖把池的空间。

教室的尺寸和布局设计还要考虑教学模式和活动的灵活性。除了传统的行式排列，教室的布局设计还可以考虑更为灵活的圆桌或小组式座位布局，这样的布局有助于快速配置座位布局，以支持小组讨论、工作坊或其他互动式学习活动，鼓励学生参与和主动学习，使教室能够更好地满足不同的教学需求，增强学习环境的多功能性。此外，在设计教室布局和选择桌椅用具时，安全是一个不可忽视的因素，整个布局应保证足够的走道空间，避免拥挤，以减少跌倒和碰撞的风险，所有桌椅应稳固、没有尖锐的边缘，并且足够坚固，可以承受日常使用的磨损。

2. 普通教室的辅助规划

在设计现代教育空间时，为了保证教室的教学环境是健康、安全和包容的，对光线、通风、技术、工具性元素、安全和无障碍的考虑是至关重要的。

自然光线能提高学生的注意力和学习效率，因此现代教室设计应具备充足和均匀分布的窗户，以引入大量的日光；这些窗户的设计还应考虑到易操作性，使它们在需要时可以开启，以提供新鲜空气。当然，除了自然通风，有效的空气流通系统也是必不可少的，不仅有助于维持室内温度的舒适性，还能保持空气质量，降低病毒和细菌的传播风险，这对于创造一个优良的学习环境至关重要。

随着教育技术的发展，现代化教室需要能够支持各种现代化的教学方法，因此高速互联网、数据端口和音频视频设备几乎成为教室标配。在数字时代，无线互联网连接是获取信息、进行在线学习和促进远程交流的关键，学生和教师能够通过无线网络快速访问互联网资源、使用在线学习平台或与世界各地的学者和专家进行互动。随着学生和教师越来越多地使用平板电脑和其他电子设备，确保这些设备能够充电和连接至必要的数据源变得尤为重要，所以充足的电源插座和数据端口对于保证学习空间的功能性至关重要，这些插座和端口应该分布在整个学习空间，以便教师和学生无论坐在哪里都能方便地使用。大屏幕或互动白板使教师和学生能够展示复杂的图形、演示文稿，甚至是视频材料，这对于提升学习体验和促进视觉交流非常重要。互动白板有助于提升参与感和互动性，学生可以直接在屏幕上书写、绘制或操作内容，从而实现更为动态和互动的学习体验。

除了先进技术的支持，教室还需要搭配一些特殊的工具性元素，如灵感板、可写墙面、艺术装饰、自然元素、色彩等。灵感板可以是一个动态的展示区，学生和教师可以在此贴上鼓舞人心的图片、引人深思的引语或项目想法，这不仅能够提供一个视觉上吸引人的焦点，还能鼓励学生分享和发展他们自己的想法。可写墙面能够提供一个大型的、可以互动的画布，学生可以在上面进行思维导图、草图绘制或其他形式的创意表达，这种即时和可视化的方式有助于思维的自由流动，促进创意的碰撞和发展。艺术装饰和自然元素的引入也对创造性思维至关重要，艺术作品是历史的见证、文化的表达，也是纯粹的视觉美感的源泉，不仅可以美化空间，还可以激发学生的想象力和创造力；而室内植物、水或自然光等自然元素的引入，可以创造一个更加宜人和舒适的学习环境。明亮、活泼的色彩不仅能影响空间的氛围和情绪，还能激发人的感官和情感反应，激发能量和创造力，营造出一种平静和集中的环境。这些工具性元素的应用不仅能够提高空间的美观性，还能够提高学生的幸福感和创造性。

安全和无障碍设计同样是现代教室标准化设计的核心内容，包括足够的紧急出口、安全照明、消防设备以及其他必要的安全设施，以确保在紧急情况下学生和教职员工的安全。无障碍设计需要考虑到所有学生的需求（包括残障人士），确保每个人都能轻松进入和使用教室。

（三）专用教室的标准化设计

根据相关标准，通常情况下，小学专用教室生均建筑面积不低于 2.0 m²，中学专用教室生均建筑面积不低于 1.92 m²。音乐教室、舞蹈教室等由于学科的特殊性，无须强制遵循上述规定，其中音乐教室与规定面积相比偏小，小学音乐教室生均建筑面积不低于 1.7 m²，中学音乐教室生均建筑面积不低于 1.64 m²；舞蹈教室与规定面积相比偏大，小学舞蹈教室生均建筑面积不低于 2.14 m²，中学舞蹈教室生均建筑面积不低于 3.15 m²。不同类型的专用教室的桌椅纵向布置净宽也不同，需遵循《中小学校设计规范》（GB 50099—2011）的规定。此外，专用教室应设置大型储物柜，可不设置清洁间，有用水需求的教室可以设置洗手盆。中小学专用教室的模块通用平面尺寸如图 4-5 所示（图中 D 代表门窗洞口）。

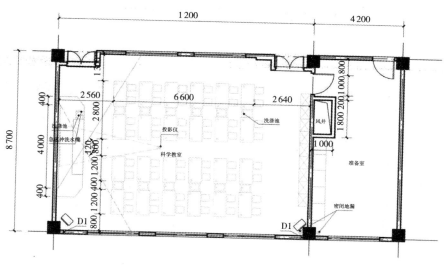

（a）小学专用教室模块 1 平面

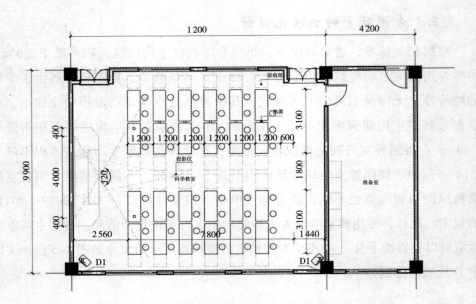

（b）小学专用教室模块 2 平面

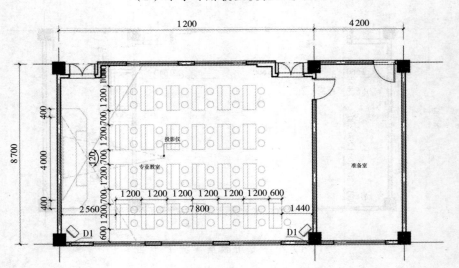

（c）中学专用教室模块平面

图 4-5 中小学专用教室的模块通用平面尺寸

中小学专用教室的剖面图如图 4-6 所示。

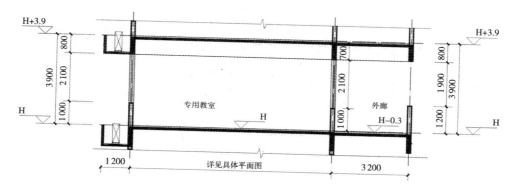

（a）小学专用教室的剖面图

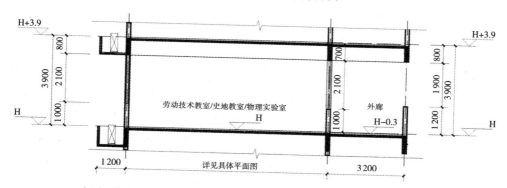

（b）中学劳动技术教室、史地教室和物理实验室的剖面图

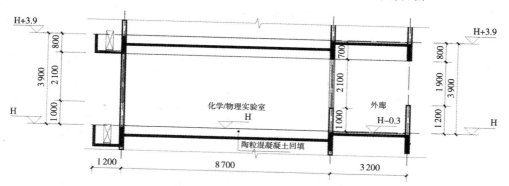

（c）中学化学和生物实验室的剖面图

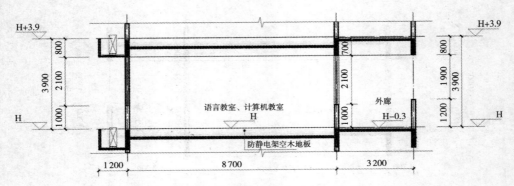

（d）中学语言教室和计算机教室的剖面图

注：门窗洞口尺寸仅为示意，可根据需求设计。

图4-6　中小学专用教室的剖面图

　　下面以实验室为例阐述其标准化设计。实验室需要足够的空间以容纳所需的学生和教学设备，工作台的设计应考虑足够的空间以供学生进行实验操作，所用材料应坚固且易于清洁，以便应对可能的化学品溢出或其他实验过程中产生的污染，同时要注意保持学生之间有足够的距离，这样可以最大限度地减少拥挤导致的意外事故。实验室应有足够的柜子和架子来存放设备、化学品和学生的个人物品，充足的存储空间有助于实验室的有效运作，存储空间的设计应易于组织和维护，以确保实验室的整洁和高效运作。此外，为了满足不同类型的实验和教学需求，实验室的空间布局应具备灵活性和可适应性，这意味着实验室空间的布局需要能够容纳各种设置和配置。例如，可移动的工作台和多功能的存储解决方案可以根据不同的实验需求进行调整和重组，这种灵活性不仅能够使实验室适应多样化的教学活动，还有助于最大限度地利用空间，提高实验室的整体使用效率。

　　安全性始终是实验室标准化设计的首要任务，其中有效的通风系统是其核心要素之一，同时要建设足够的紧急出口，以便在紧急情况下快速疏散学生和教职员工。实验室的主要作用是进行各种科学实验，涉及化学反应的实验通常会产生有害气体，所以实验室必须配备高效的通风系统来控制和排放这些气体，保持室内空气质量。通风系统的设计通常包括通风橱和排风扇，这些设备能够有效地吸走有害气体，保证实验室内部空气的清新和安全。通风系统还需要定期维护和检查，以确保始终保持高效运作。实验室内的安全标志应明显并遍布整个空间，这些安全标志包括指示紧急出口、安全设备和危险区域的标志，其中紧急出口的位置和数量应符合安全规范，并确保易于识别和访问。为处理潜在的化学或生物危险，实验室应配备易于访问的紧急淋浴和眼洗站，这些设施应保证随时可用，并定期维护以确保其有效性。除紧急出口外，适当的消防设备（如灭火器和火灾报警系统）应安装在显眼位置，并在开始实验教学前教导实验室使用者了解如何在紧急情况下使用这些设备。化学品和其他危险物质应严格按照安全规范进行存储，包括专用的、可上锁的柜子和合适的标签，以防止交叉污染并确保易于访问和识别。

（四）中小学教室结构的标准化设计

1. 教学楼主体结构的设计

教学楼可采用框架结构体系，平面布置灵活，有利于满足教室大空间的功能要求，其中主体结构柱可采用现浇混凝土柱或预制混凝土柱，而主体结构框架梁可采用现浇混凝土梁或预制叠合梁。

下面以小学普通教室柱跨 9 m × 8 m 为例，根据是否设置次梁，选择市场上几种装配式楼板类型进行对比，通过经济性测算给出建议。如果教室包含次梁，其经济性测算结果如表 4-1 所示。

表4-1　有次梁结构方案的经济性测算结果

项目名称	有次梁		
	桁架钢筋混凝土叠合板 DBS	预应力钢管桁架叠合板 GDB	预制带肋混凝土叠合楼板 YDB
指标 / (元 /m²)	680.40	577.30	548.09
备注	60 mm 厚预制板 + 70 mm 厚现浇层	35 mm 厚预制板 + 75 mm 厚现浇层	30 mm 厚预制板 + 90 mm 厚现浇层
选用图集	15G366-1	L22ZG401	14G443
板跨适用范围 /m	单向板 2.52~4.02 双向板 2.82~5.82	2.10~9.60	3.00~9.00

如果教室采用大板结构，其经济性测算结果如表 4-2 所示。

表4-2 大板结构方案的经济性测算结果

项目名称	大板		
	预应力钢管桁架叠合板 GDB	预应力空心板 SPD	装配箱楼盖 ZPX
指标 /（元 /m²）	633.31	1 017.45	648.48
备注	40 mm 厚预制板 + 180 mm 厚现浇层	180 mm 厚预制板 + 60 mm 厚现浇层	板厚 280 mm，薄壁盒 700 mm × 700 mm × 170 mm
选用图集	L22ZG401	05SG408	12ZG303
板跨适用范围 /m	2.1~9.6	4.2~18	—

注：算量依据参考《广西壮族自治区建筑与装饰装修工程消耗量定额（2013年版）》、定额人工工资调整文件、2024 年 1 月份南宁市建设工程造价信息。

依据表 4-1 及表 4-2 的测算结果可知，教室宜采用有次梁（预制带肋混凝土叠合楼板）或大板（装配箱楼盖）方案。在此基础上，普通、专用教室结构构件编号如表 4-3 所示，普通、专用教室可选技术方案如表 4-4 所示。

表4-3 普通、专用教室结构构件编号

构件	编　　号	
柱	现浇混凝土柱（C1）	预制混凝土柱（C2）
梁	现浇混凝土梁（B1）	叠合梁（B2）
楼板	预制带肋混凝土叠合楼板（F1）	装配箱楼盖（F2）

表4-4 普通、专用教室可选技术方案

方案编号	柱	梁	板
C1-B1-F1	现浇混凝土柱	现浇混凝土梁	预制带肋混凝土叠合楼板
C1-B1-F2	现浇混凝土柱	现浇混凝土梁	装配箱楼盖
C2-B1-F1	预制混凝土柱	现浇混凝土梁	预制带肋混凝土叠合楼板
C2-B1-F2	预制混凝土柱	现浇混凝土梁	装配箱楼盖
C1-B2-F1	现浇混凝土柱	叠合梁	预制带肋混凝土叠合楼板

方案编号	柱	梁	板
C1-B2-F2	现浇混凝土柱	叠合梁	装配箱楼盖
C2-B2-F1	预制混凝土柱	叠合梁	预制带肋混凝土叠合楼板
C2-B2-F2	预制混凝土柱	叠合梁	装配箱楼盖

2. 教室模块常用的结构布置

（1）小学普通教室模块 C1-B1-F1 方案的结构布置如图 4-7 所示，构件统计如表 4-5 所示。

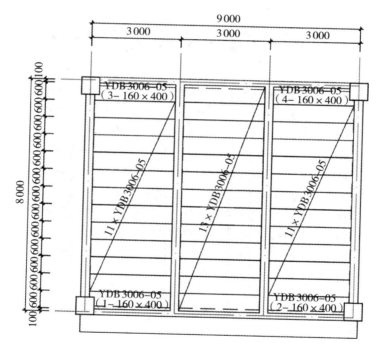

图 4-7　小学普通教室模块 C1-B1-F1 方案的结构布置

表4-5　小学普通教室模块C1-B1-F1方案的构件统计

编号	型号	数量
①	YDB 3006-05	35
②	YDB 3006-05(1-160×400)	1
③	YDB 3006-05(2-160×400)	1

编号	型号	数量
④	YDB 3006-05(3-160 × 400)	1
⑤	YDB 3006-05(4-160 × 400)	1
合计	—	39

注：括号内编码表示缺角方位和缺角尺寸。

（2）小学普通教室模块 C1–B1–F2 方案的结构布置如图 4–8 所示，构件统计如表 4–6 所示。

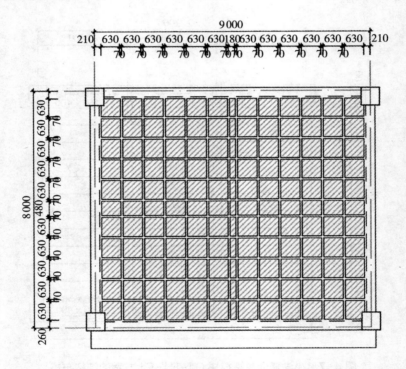

图 4-8　小学普通教室模块 C1–B1–F2 方案的结构布置

表4-6　小学普通教室模块C1-B1-F2方案的构件统计

编号	型号	数量
①	ZPX 630 × 630 × 170	116
②	ZPX 630 × 630 × 170(1-140 × 340)	2

续　表

编号	型号	数量
③	ZPX 630×630×170(2-140×340)	2
④	ZPX 180×630×170	10
⑤	ZPX 630×480×170	12
⑥	ZPX 180×480×170	1
合计	—	143

注：括号内编码表示缺角方位和缺角尺寸。

（3）中学普通教室模块 C1-B1-F1 方案的结构布置如图 4-9 所示，构件统计表如表 4-7 所示。

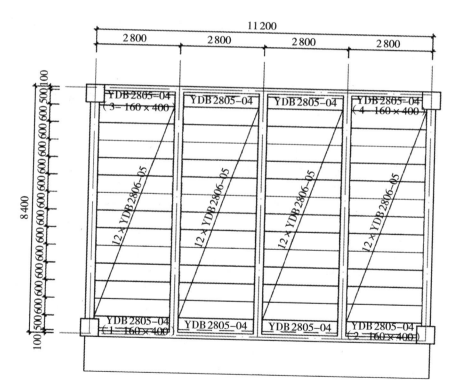

图 4-9　中学普通教室模块 C1-B1-F1 方案的结构布置

表4-7　中学普通教室模块C1-B1-F1方案的构件统计

编号	型号	数量
①	YDB 2806-05	48
②	YDB 2805-04	4
③	YDB 2805-04(1-160×400)	1
④	YDB 2805-04(2-160×400)	1
⑤	YDB 2805-04(3-160×400)	1
⑥	YDB 2805-04(4-160×400)	1
合计	—	56

注：括号内编码表示缺角方位和缺角尺寸。

（4）中学普通教室模块 C1-B1-F2 方案的结构布置如图 4-10 所示，构件统计如表 4-8 所示。

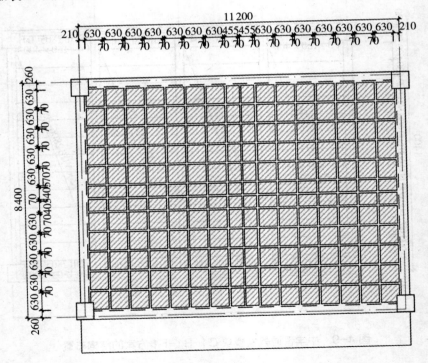

图 4-10　中学普通教室模块 C1-B1-F2 方案的结构布置

表4-8　中学普通教室模块C1-B1-F2方案的构件统计

构件统计表		
编号	型号	数量
①	ZPX 630×630×170	136
②	ZPX 630×630×170(1-140×340)	2
③	ZPX 630×630×170(2-140×340)	2
④	ZPX 455×630×170	20
⑤	ZPX 630×405×170	28
⑥	ZPX 455×405×170	4
合计	—	192

注：括号内编码表示缺角方位和缺角尺寸。

（5）小学专用教室模块 C1-B1-F1 方案的结构布置如图 4-11 所示，构件统计如表 4-9 所示。

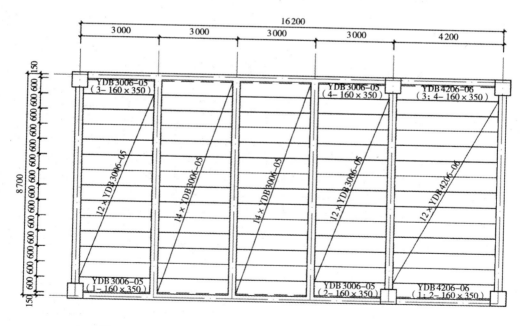

图 4-11　小学专用教室模块 C1-B1-F1 方案的结构布置

表4-9 小学专用教室模块C1-B1-F1方案的构件统计

编号	型号	数量
①	YDB 3006-05	52
②	YDB 3006-05(1-160×400)	1
③	YDB 3006-05(2-160×400)	1
④	YDB 3006-05(3-160×400)	1
⑤	YDB 3006-05(4-160×400)	1
⑥	YDB 4206-06	12
⑦	YDB 4206-06(1;2-160×350)	1
⑧	YDB 4206-06(3;4-160×350)	1
合计	—	70

注：括号内编码表示缺角方位和缺角尺寸。

（6）小学专用教室模块 C1-B1-F2 方案的结构布置如图 4-12 所示，构件统计如表 4-10 所示。

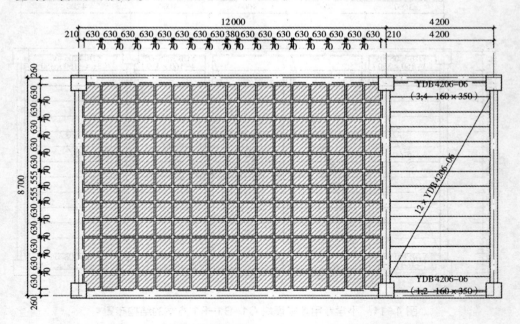

图 4-12 小学专用教室模块 C1-B1-F2 方案的结构布置

表4-10 小学专用教室模块C1-B1-F2方案的构件统计

编号	型号	数量
①	ZPX 630×630×170	156
②	ZPX 630×630×170(1-140×340)	2
③	ZPX 630×630×170(2-140×340)	2
④	ZPX 380×630×170	10
⑤	ZPX 630×555×170	32
⑥	ZPX 380×555×170	2
⑦	YDB 4206-06	12
⑧	YDB 4206-06(1;2-160×350)	1
⑨	YDB 4206-06(3;4-160×350)	1
合计	—	218

注：括号内编码表示缺角方位和缺角尺寸。

（7）中学专用教室模块 C1-B1-F1 方案的结构布置如图 4-13 所示，构件统计如表 4-11 所示。

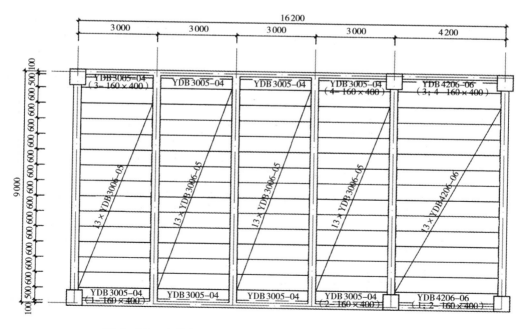

图 4-13 中学专用教室模块 C1-B1-F1 方案的结构布置

表4-11　中学专用教室模块C1-B1-F1方案的构件统计

编号	型号	数量
①	YDB 3006-05	52
②	YDB 3005-04	4
③	YDB 3005-04(1-160 × 400)	1
④	YDB 3005-04(2-160 × 400)	1
⑤	YDB 3005-04(3-160 × 400)	1
⑥	YDB 3005-04(4-160 × 400)	1
⑦	YDB 4206-06	13
⑧	YDB 4206-06(1;2-160 × 400)	1
⑨	YDB 4206-06(3;4-160 × 400)	1
合计	—	75

注：括号内编码表示缺角方位和缺角尺寸。

（8）中学专用教室模块 C1–B1–F2 方案的结构布置如图 4–14 所示，构件统计如表 4–12 所示。

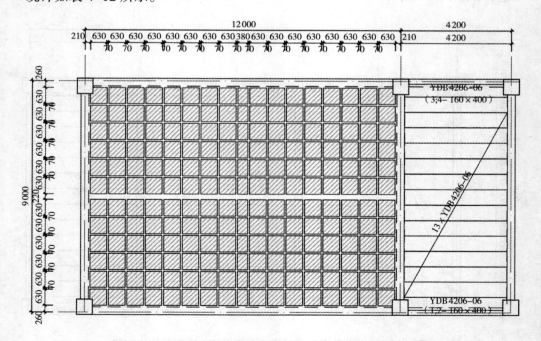

图 4-14　中学专用教室模块 C1-B1-F2 方案的结构布置

表4-12 中学专用教室模块C1-B1-F2方案的构件统计

编号	型号	数量
①	ZPX 630×630×170	188
②	ZPX 630×630×170(1-140×340)	2
③	ZPX 630×630×170(2-140×340)	2
④	ZPX 380×630×170	12
⑤	YDB 4206-06	13
⑥	YDB 4206-06(1;2-160X350)	1
⑦	YDB 4206-06(3;4-160X350)	1
合计	—	219

注：括号内编码表示缺角方位和缺角尺寸。

三、辅助用房的标准化设计

（一）教师办公室的标准化设计

教学楼中的教师办公室一般是由教室衍生出的，其模块平面如图4-15所示。

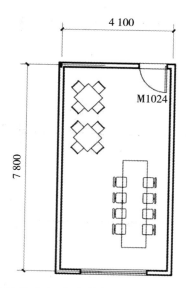

（a）普通教室衍生的教师办公室的平面模块

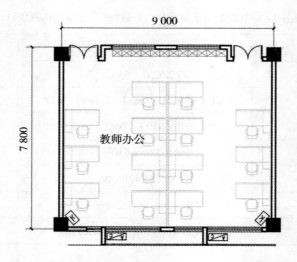

（b）专用教室衍生的教师办公室的平面模块

图4-15　普通教室和专用教室衍生的教师办公室的标准模块通用平面

办公室模块的剖面示意图如图4-16所示。

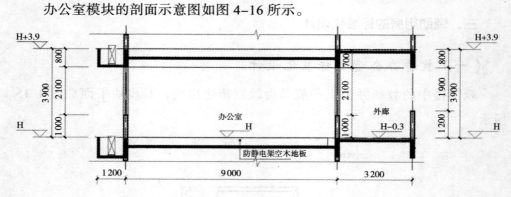

（a）普通教室衍生的办公室模块的剖面示意图

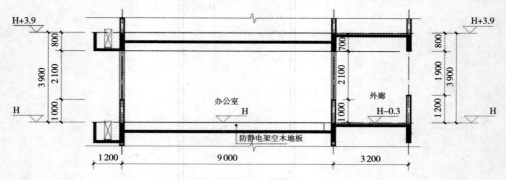

（b）专用教室衍生的办公室模块的剖面示意图

图4-16　普通教室和专用教室衍生的办公室模块的剖面示意图

在教师办公室的标准化设计中，合适的尺寸能够确保办公室内有足够的空间来容纳所有必要的办公家具（如办公桌、椅子和文件柜），同时能够提供足够的活动空间，以防拥挤。办公室的布局设计应充分考虑工作效率和舒适性，办公桌最好靠近窗户放置，同时采用合理的窗户尺寸，以最大化利用自然光源，这不仅能提供更好的光照，还能创造一个温馨舒适的环境，有助于营造一个明亮和愉快的工作氛围。更重要的是，自然光能带来室外的自然感觉，有助于减少眼睛疲劳并提升整体心情。在自然光线不足的情况下，适当的人工照明就显得尤为重要，这要求室内需要安装高质量的灯具，照明设计应避免产生眩光或阴影区，确保整个办公空间都有均匀的光线分布。文件柜和书架等储物家具的位置同样十分重要，它们应放置在易于访问的地方，这样可以提高工作效率，减少在办公室内不必要的移动。为了确保教师的健康和舒适，办公椅应该符合人体工程学原则，最好能够调节高度和靠背角度，以满足不同身高和坐姿的需求。办公桌的尺寸应足够大，以容纳电脑、文件和其他办公用品，同时提供足够的工作面积。随着现代社会的发展，现代化的办公室应配备支持教师工作的必要设备（如互联网、电脑、打印机和扫描仪），确保教师可以进行各种文档处理和教学材料的准备，方便访问在线资源或进行网络通信。考虑到现代办公设备的需求，办公室内应有足够数量的电源插座和数据接口，方便电子设备的充电和网络连接，这些插座和接口应安置在易于使用的位置，同时避免造成电线的杂乱无章。

对教师来讲，他们可能需要进行敏感对话或处理保密文件，所以办公室应提供足够的隐私保护，这可以通过使用隔声材料或安装隔断来实现。隔声材料能够有效地减少声音泄漏，确保对话的私密性；而隔断不仅可以提供隐私保护，还可以帮助优化空间利用，如在较大的办公室中划分多个独立的工作区域。办公室的门窗也应考虑隐私因素，最好使用不透明或半透明的玻璃，或者安装可调节的窗帘或百叶窗。除隐私外，安全性也是教师办公室设计的一个重要考虑因素，不仅涉及门锁的安装，还需要配备文件柜和抽屉的锁，以保护个人物品和敏感信息。如果教师需要处理高度敏感或价值较高的物品，那么办公室可能还需要考虑安装更高级别的安全系统，如密码保护或生物识别锁。

（二）卫生间的标准化设计

在中小学教学楼中，卫生间的标准化设计需要注重空间规划、合理布局以及无障碍设计，确保其实用性、安全性和舒适性。一个合理设计的卫生间不仅要满足基本的卫生需求，还要考虑到所有用户的便利和舒适。教学楼的卫生间模块通用平面如图 4-17 所示。

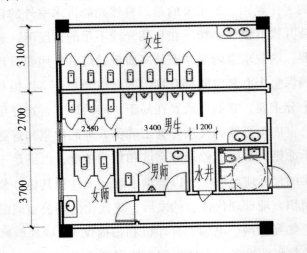

图 4-17　卫生间模块通用平面图

1. 卫生间通用标准化设计

教学楼卫生间由于需要集中承受大量的人流，因此其空间必须足够大，且必须容纳所有必要的卫生设施，包括厕所、洗手池和淋浴区（如有），这些设施要进行合理的布局，最关键的是充分考虑到用户的便利性和隐私保护。例如，厕所需要有适当的隔断，以减少干扰并保护个人隐私，厕所隔间应设计得足够宽敞，以提供足够的私密空间；洗手池的布置应使教师和学生在使用后方便洗手；淋浴区则需要有适当的防水和排水设计。教学楼卫生间洁具的数量应按下列规定设计：男生应至少为每 40 人设 1 个大便器或 1.20 m 长的大便槽，每 20 人设 1 个小便斗或 0.6 m 长的小便槽；女生应至少为每 13 人设 1 个大便器或 1.20 m 长的大便槽，每 40～45 人设 1 个洗手盆或 0.60 m 长的盥洗槽；卫生间内或卫生间附近应设污水池，厕位蹲位距后墙应不小于 0.30 m；各类小学大便槽的蹲位宽度应不大于 0.18 m；中小学校的卫生间应设前室，且男、女生卫生间不得共用一个前室。为了方便残障人士的使用，无障碍设计在卫生间的规划中同样至关重要，包括安装手扶杆、提供足够宽敞的转身空间以及设计适合轮椅使用者的洗手池和厕所。

在卫生间的设计中，卫生清洁以及光照通风是两个极为重要的方面，这些因素能直接影响到卫生间的使用体验和长期维护。卫生与清洁是任何卫生间设计的核心，选择易于清洁和维护的材料不仅有助于保持卫生间的卫生，还能降低长期维护的工作量和成本。例如，瓷砖是一种理想的墙面和地面材料，因为它耐水、易于清洁且耐用；不锈钢则常用于洗手池和其他配件，因为它不仅外观具有现代性，而且抗腐蚀，易于消毒。为了保证卫生间的清洁，良好的通风同样至关重要。适当的通风不仅有助于控制和减少霉菌的生长和异味的产生，还能提供新鲜空气，保持室内空气质量，因此卫生间的设计应包括有效的通风系统，如排风扇或通风窗，以确保空气流通。卫生间在没有充足自然光的情况下，应该安装足够的人工照明，这些人工光源应该布置得均匀，避免产生阴影或眩光，以确保整个空间的光线均匀、安全使用。

除了卫生清洁和光照通风，卫生间设计还要注重水源和排水系统的高效性以及安全性，以保证其功能性和用户安全。使用节水型马桶和感应式水龙头是减少水消耗的有效方法，节水型马桶通过减少每次冲洗所用的水量，能显著降低整体水消耗；感应式水龙头则通过自动控制水流的开启和关闭，减少不必要的水浪费，不仅能节省水资源，还能提升卫生间的卫生水平。排水系统的设计需要保证有效性和防堵塞性，这意味着排水管道应有足够的直径和适当的倾斜角度，以确保水和废物能顺畅排出；同时应定期维护排水系统，以防止堵塞和积水问题。在安全措施方面，卫生间地面的防滑设计至关重要，可以通过使用防滑瓷砖或在地面添加防滑垫来实现，以防止跌倒事故的发生。

2. 卫生间结构的标准化设计

卫生间的主体结构柱可采用现浇混凝土柱或预制混凝土柱，主体结构框架梁可采用现浇混凝土梁或预制叠合梁，主体结构楼板可采用预制带肋混凝土叠合楼板。结构构件编号如表 4-13 所示，可选结构技术方案如表 4-14 所示。

表4-13　结构构件编号表

构件	编　号	
柱	现浇混凝土柱（C1）	预制混凝土柱（C2）

构件	编　号	
梁	现浇混凝土梁（B1）	叠合梁（B2）
楼板	预制带肋混凝土叠合楼板（F1）	—

表4-14　可选结构技术方案

方案编号	柱	梁	板
C1-B1-F1	现浇混凝土柱	现浇混凝土梁	预制带肋混凝土叠合楼板
C1-B2-F1	现浇混凝土柱	叠合梁	预制带肋混凝土叠合楼板
C2-B1-F1	预制混凝土柱	现浇混凝土梁	预制带肋混凝土叠合楼板
C2-B2-F1	预制混凝土柱	叠合梁	预制带肋混凝土叠合楼板

　　教学楼卫生间模块 C1-B1-F1 方案的结构布置如图 4-18 所示，构件统计如表 4-15 所示。

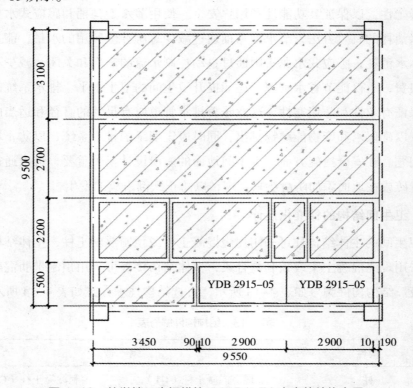

图 4-18　教学楼卫生间模块 C1-B1-F1 方案的结构布置

表4-15 教学楼卫生间模块C1-B1-F1方案的构件统计

编号	型号	数量
①	YDB 2915-05	2
合计	—	2

3. 卫生间内装的标准化设计

卫生间的内装系统可按标准配置设计，如表4-16所示。

表4-16 卫生间的标准配置

类型	吊顶	地面	墙面
标准配置	装配式吊顶	干式工法楼地面	装配式墙面

卫生间内装部品模数应满足以下要求：吊顶设计推荐采用3 M模数的整数倍，如300 mm×300 mm、300 mm×600 mm和600 mm×600 mm等规格，这种模数化的设计不仅能使吊顶系统的安装更为简便快捷，还能在视觉上保持空间的整齐和谐；地面的干式工法也建议采用3 M模数的整数倍，如300 mm×300 mm和600 mm×600 mm等规格，这样的规格选择既能满足地面铺设的技术要求，又能确保地面的美观性和耐用性；墙面设计亦推荐采用3 M模数的整数倍，如300 mm×600 mm、600 mm×600 mm等规格，这种做法不仅便于墙面材料的裁剪和安装，还有利于实现墙面装饰的多样化和个性化。

集成式卫生间是一种新式卫生间，其地面具有根据设计要求调整架空层高度或坡度的功能，架空层高度应满足使用要求，并结合管线路径进行综合设计。集成式卫生间地面节点示意图如图4-19所示。集成式卫生间的防水底盘构件应具有防水、防滑、防渗漏的功能，与建筑的构架分开设立，实现良好的负重支撑，方便采用同层排水，使管道连接方便。

（a）集成式卫生间实物图

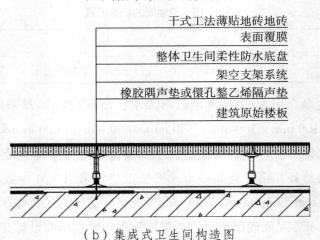

干式工法薄贴地砖地砖
表面覆膜
整体卫生间柔性防水底盘
架空支架系统
橡胶隔声垫或偶孔鳌乙烯隔声垫
建筑原始楼板

（b）集成式卫生间构造图

图 4-19　集成式卫生间地面节点示意图

卫生间安装的预留尺寸规定如表 4-17 所示。

表4-17　卫生间安装的预留尺寸规定

方向	尺寸类型	分类	尺寸 /mm
水平方向	装配式墙面与外围墙体内表面之间	有管侧	≤ 50
		无管侧	≤ 30
		两侧共预留	≤ 80

方向	尺寸类型	分类	尺寸 /mm
垂直方向	天花板下表面与结构楼板之间	顶棚有取暖、换气设备时	≥ 250
		顶棚无取暖、换气设备时	≥ 60
	门槛地面处与卫生间放置地面之间	马桶下排	235
		马桶后排	185

第二节　装配式中小学教学楼立面标准化设计

一、外墙的标准化设计

（一）外墙的风格设计

中小学教学楼的立面风格设计是校园建筑规划的重要组成部分，它不仅能对校园的整体美观起到决定性作用，还能深刻地体现学校的文化、教育理念和精神面貌。一个精心设计的教学楼立面不仅能够吸引师生和访客的目光，还能够激发学生的学习兴趣，提升教育环境的质量。

1. 现代与传统元素的融合

现代风格的教学楼立面通常注重简洁和功能性，强调直线条和干净的几何形状。这种设计风格往往使用玻璃、钢和混凝土等现代材料，这些材料的使用不仅能给建筑带来现代感，还具有较高的耐久性和维护简便性。现代风格的教学楼往往具有大面积的窗户，这不仅能提供充足的自然光照，还能创造一个开放和透明的学习环境。现代教学楼还常常包括环保和节能的元素（如绿色屋顶、太阳能板和节能窗户），体现了对环境保护和可持续发展的重视。而使用传统的砖、石或木材等建筑材料以及传统的拱门、柱廊或特色屋顶等建筑元素修建的中小学教学楼，是对学校历史和文化传统的致敬，这种设计往往通过这些传统元素的融合，使教学楼不仅能展现出一种历史的深度和文化的丰富性，还能创造一种温馨和尊重传统的氛围。这些学校通过在教学楼立面上保留或复原老砖墙或木质结构，能够讲述学校的历史故事，加强学生对学校历史的认识和敬重。

中小学教学楼的立面设计通过现代和传统元素的融合，能够充分展示学校追求现代技术与传统美学相结合的审美观念，反映了对教育传统与现代趋势之间平衡的追求，在现代与传统元素的融合上具有特别的意义。这种独特的融合性设计既能展现学校的独特性，又能传递其教育理念。例如，一个具有传统造型的教学楼可能采用现代建筑技术和材料来提高其功能性和耐用性，或者在一个现代风格的建筑中加入传统装饰元素和艺术作品，以增加其文化内涵。

2. 色彩

色彩在中小学教学楼立面风格计中扮演着至关重要的角色，它能直接影响建筑的视觉效果和传递的情感氛围。恰当的色彩选择不仅能够增强建筑的吸引力，还能反映学校的特色和教育理念。鲜明和活泼的色彩可以创造出一个充满活力和欢乐的学习环境，这种色彩策略尤其适用于小学教学楼，因为年幼的学生通常对鲜艳的颜色更为敏感和喜爱。学校可以在小学教学楼的立面局部装饰或突出部分使用明亮的蓝色、绿色或黄色，以激发学生的好奇心和探索欲，这些色彩的融入不仅能够使校园环境显得更加生动和友好，还有助于营造一种积极向上的学习氛围。而中学教学楼因为对学术教学更为重视，所以大多使用相对沉稳的色彩组合（如藏蓝、森林绿或深灰色），这些色彩不仅可以营造出一种严谨和专注的学术氛围，还可以赋予建筑一种稳重和庄严的感觉，反映对学术的尊重和学校的传统，传递出一种专业和严肃的教学态度，有助于培养学生的专注和责任感。

立面色彩的选择还可以与学校的品牌和身份相融合。学校可以将学校标志或校徽中的颜色巧妙地融入立面设计中，以增强校园的识别性和归属感。例如，学校的主色调可以用于窗框、门或其他装饰元素，创造出一种统一和协调的视觉效果。

3. 环境融合

环境融合在中小学教学楼的立面设计中扮演着关键角色，它不仅关乎建筑美学，还涉及建筑与其所处环境的和谐共存。教学楼的立面设计应尊重周围的自然环境或城市景观，这样做不仅能够提升建筑本身的美感，还能强化学校与所在社区的联系。本地材料不仅能够反映地区的特色和文化，还能适应当地的气候条件，所以使用本地材料是实现环境融合的一种有效方式。例如，在山区或乡村地区，学校可以使用当地的石材或木材作为主要的建筑材料，这样的材料不仅具有天然美感，还能够与周围的自然景观完美融合；在城市环境中，学校则可以选择那些与城市建筑风格相协调的现代材料和元素（如玻璃、钢材或混凝土），以呼应周边建筑的现代感。为了实现教学楼与环境的融合，学校可以在教学楼的立面设计上引入绿色植被（如设计垂直花园或绿色屋顶），这些绿色空间不仅能为学校带来生机和活力，提升空气质量，增加生物多样性，还能为城市环境提供必要的绿色空间。这里需要注意，校园内的景观设计也应与建筑风格相协调，通过种植当地植物、创建户外教室或休息区等方式，提供自然与教育的结合体验。

4. 灵活性与多样性

随着现代教育环境的不断发展，中小学教学楼的立面设计不仅要满足当前的需求，还要预见并适应未来的变化。这种设计理念使教学楼立面的灵活性与多样性成为设计中不可忽视的重要方面，保证教学楼即使身处多元化的教育环境中也能够随着时间的推移和教育模式的演变而灵活调整，从而延长其使用寿命并提高其功能性。

为了实现这种灵活性，教学楼的立面设计可以采用模块化设计或可自由调整的元素，使其在未来进行扩建或功能改变时可以更加容易。例如，使用可拆卸或可移动的立面组件可以在需要时进行重新配置或替换，以适应新的教学方法或技术的引入。当然，教学楼的结构必须设计得足够坚固，以支持未来的添加或修改。为了展现多样性，教学楼的立面设计可以通过不同的材料、颜色和纹理来表达，这不仅能够体现建筑自身的独特性，还能反映学校所在社区的文化多样性。例如，使用当地的艺术作品或文化符号作为设计元素。不仅可以增加建筑的美感，还能促进学生对本地文化的认识和尊重。多样性的表达也可以通过创新的设计方法来实现，如采用非传统的建筑形式或使用新型材料和技术，这些都可以使教学楼在视觉和功能上与众不同。这里需要注意，在保证立面设计多样性的同时，设计师还应考虑到设计的包容性和可访问性，确保所有学生、教职员工和访客都能感到舒适。

（二）外墙装饰设计

中小学教学楼的外墙装饰是校园建筑设计的重要部分，它不仅能够影响学校的整体美观，还能反映学校的特色和教育理念。

1. 艺术装饰

艺术装饰在中小学教学楼的外墙装饰设计中发挥着至关重要的作用，学校通过将壁画、雕塑融入校园的外墙，不仅能够美化校园环境，还能丰富学校的文化内涵和艺术氛围，将学校创造成一个独特且富有表现力的空间，促进学生的艺术教育和文化认同的发展。

壁画是一种常见且有效的艺术装饰手段，它能够在校园立面上创造出生动和引人入胜的视觉效果。这些壁画不仅能为学校外墙增添色彩和活力，还能为学生提供学习和欣赏艺术的机会。壁画的主题多种多样，包括反映学校历史和传统、展示当地文化和自然风光以及描绘激励人心的教育理念和价值观。通过参与壁画的创作，学生可以直接参与到校园环境的美化过程中，这不仅能够提升他们的创造力和艺术技能，还能增强他们对学校的归属感。雕塑同样是校园外墙装饰的重要组成部分，这些三维艺术作品可以作为校园的地标，为学校的外观增添独特性和识别度。雕塑作品可以是抽象的，以激发观者的想象力；也可以是具象的（如历史人物或学校吉祥物的雕像），以强化学校的文化传统。学校还可以与当地艺术家合作或邀请他们参与学校外墙的艺术创作，这样不仅能够为校园带来独特的艺术作品，还能够建立学校与当地社区的联系，这种合作不仅是对艺术家工作的支持，还能为学生提供了解和参与当地艺术生态的机会。

2. 绿化设计

绿化设计在中小学教学楼外墙的应用是一个日益流行的趋势，它不仅能为学校建筑增添自然的美感，还能带来多方面的环境和教育收益，其中垂直花园和攀爬植物的使用尤为重要，它们能够在有限的空间内创造出丰富的绿色环境。

所谓的垂直花园也被称为生态墙或绿墙，是一种创新的绿化方式，不仅能够提供视觉上的吸引力，还可以净化空气，吸收城市的噪声，有助于提升校园的生态环境。垂直花园也可以为城市中的鸟类和昆虫等野生动物提供栖息地。更重要的一点是，垂直花园还可以在教学环境中提供一个生动的生态学习环境，让学生可以直观地学习到植物生长、生态系统和可持续发展的知识。同样，利用攀爬植物对教学楼外墙进行绿化不仅能够美化外墙，还能提供天然的遮阳效果，降低建筑的热岛效应，减少冷暖空调的能源消耗。这种类型的绿化设计同样能够提供一种生动的生态教育环境，学生可以从中学习到植物的生长习性和生态平衡的重要性。

在设计绿化墙面时，设计师还需要考虑到植物的选择和维护，选择适合当地气候和环境的植物，并确保有适当的维护计划，以保持绿墙的生长和美观。这种维护工作也可以成为学校课程的一部分，让学生参与到植物护理和环境保护的实践中。

3. 光影效果

光影效果在中小学教学楼的外墙装饰设计中起着至关重要的作用，通过精心设计的日照和灯光效果，教学楼的外墙可以在不同的时间段展现出不同的魅力，这样做不仅能够影响建筑的美学表现，还能够创造出独特的视觉体验，从而提高校园建筑的吸引力和特色。

在日照设计方面，教学楼外墙与自然光的互动是至关重要的，学校可以利用建筑的几何形状和材料的反光特性，使自然光在白天创造出动态的光影效果。例如，学校可以使用有特殊纹理的外墙材料或设置凹凸不平的立面，这些特殊的装饰可以在日光照射下产生丰富的光影变化，这种变化不仅能够赋予建筑生动的外观，还能够随着一天中光线的变化而呈现不同的视觉效果。晚上的照明设计则需要通过安装战略性的照明设备（如 LED 灯带、聚光灯或彩色灯光），在夜晚突出建筑的轮廓、纹理或装饰元素，提供另一种展现建筑特色的机会。例如，学校可以突出建筑的特定部分（如入口、窗户或艺术装饰），创造出引人注目的视觉焦点。彩色灯光还可以增加建筑的活力和趣味性，尤其适用于小学或富有创意的教学空间。

除了美化建筑外观，光影效果的设计还可以用于指引路线和提升安全性，如在通往入口的路径上设置温暖地面灯光不仅能够提供必要的照明，还能创造一种迎接和引导的氛围。

4. 标识系统

中小学教学楼外墙上的标识系统是学校对外形象的重要组成部分，这些标识起着传递信息和塑造学校身份的关键作用，其设计应与建筑的整体设计和学校的文化相协调。

学校的名称和标志是学校最基本也是最重要的标识元素，它们通常被放置在教学楼的显眼位置，如主入口附近或建筑的顶部。这些标识不仅能方便访客识别和定位，还象征着学校的官方身份和权威。因此，设计师在设计这些标识时，应考虑字体的可读性和大小，确保人们即使在远处或行驶中也能清晰识别，颜色和样式的选择应与学校的品牌和形象保持一致，反映学校的特色和氛围。除了学校的名称和标志，其他指示性标牌（如指向图书馆、体育馆、实验室等特定区域的指示标志）也很重要，这些标牌应设计得直观易懂，帮助学生、教职员工和访客轻松导航校园。标牌的设计可以采用统一的标识系统，使用一致的颜色、代码、图标和字体样式，以实现整个校园信息标识的一致性和和谐性。标识设计还可以考虑艺术性和创造性，如学校标志或口号可以以艺术字体或图形的形式呈现，使其成为校园美学的一部分，增加校园的视觉吸引力，激发学生和教师的校园归属感。此外，标识系统的材料需考虑耐久性和维护方便性，最好使用金属或特殊塑料等耐候性材料，以确保标识在各种天气条件下都保持清晰可见，且易于清洁和维护。

（三）外围护墙的标准化设计

在现代建筑设计中，外围护墙的设计是至关重要的，它不仅关系到建筑的外观和结构安全，还直接影响着建筑内部的热环境和能耗。选择具有自保温功能的薄砌工艺墙体和预制围护墙能有效提高建筑的节能性能和居住舒适度。在实现这一目标的过程中，对每道砌体和保温薄块的排块设计显得尤为关键。

1. 自保温功能的薄砌工艺墙体的设计

自保温功能的薄砌工艺墙体的设计应综合考虑层高、梁板高度、门窗洞口以及水电管线布置等具体情况，这种综合考虑不仅能确保墙体在结构上的稳固，还能确保墙体在功能上满足建筑的要求。排块设计的原则需要遵循几个基本要求：第一，尽量采用常规尺寸的砌块，且砌块的厚度应不小于 250 mm，这是为了确保墙体的结构强度和保温性能；第二，排块顺序宜从上往下、从洞口往两边进行，这种方法有助于在整个墙体中实现均匀的压力分布，同时便于施工；第三，在砌块的安装过程中，顶部砌块与梁、板的缝隙以及底部砌块与楼地面的缝隙厚度应控制在 10 ～ 20 mm，这样的缝隙大小既能保证结构的紧密连接，又能提供一定的空间以适应结构的微小变形，砌块之间的灰缝厚度应控制在 3 mm 左右，这有助于提高墙体的整体性和保温效果；第四，自保温功能的薄砌工艺墙体砌块的常规尺寸及应用部位应符合相应的标准，在设计和施工时需要严格遵守相关规范，以确保墙体的性能符合预期，具体如表4-18所示。

表4-18　自保温功能的薄砌工艺墙体砌块的常规尺寸及应用部位

名称		适用部位	长度 L/mm	高度 H/mm	宽度 B/mm	密度等级
砌体	外墙	自保温	600	200	250、300	B05、B06
	配件（门窗洞口侧面）	自保温	200	200	同墙厚	B07
	过梁（门窗洞口上方）	自保温	≤ 1800	200	—	—
保温薄块		热桥保温	600	200	40、90	B05、B06

注：热桥保温实际采用材料以节能设计为准。

2.预制围护墙的设计

（1）预制围护墙的尺寸应与建筑开间尺寸和层高相协调，并综合考虑建筑外立面、装修等特征，尺寸应满足表4-19的要求

表4-19　预制围护墙的优先尺寸

项目	优先尺寸 /mm
宽度	600、800、900、1 000、1 200
厚度	150、200、250、300

（2）热桥部位可选用保温板、保温薄块等保温材料，具体技术要求应满足保温材料对应的技术规程。

二、门窗的标准化设计

（一）门窗的尺寸布局

中小学教学楼的门窗布局是影响学校建筑功能性和美观性的关键因素。合理的布局不仅能提供足够的安全和便利，还能促进有效的空气流通和自然光照，同时反映学校的教育理念和文化。为了保证设计的高效性，外立面门窗应采用标准化部品，外门窗洞口的优先尺寸宜满足表 4-20 的要求。当外围护墙采用条板时，门窗洞口的尺寸宜与条板尺寸相协调；建筑外窗的外遮阳部品的长度和宽度尺寸应根据建筑外窗洞口尺寸确定，并与建筑立面风格相协调；外窗室外窗台宜配置成品窗台板，窗台、防护栏杆、栏板的最小高度应满足《中小学校设计规范》（GB 50099—2011）、《民用建筑设计统一标准》（GB 50352—2019）的要求。

表4-20　外门窗洞口的优先尺寸

项目		优先尺寸 /mm
外门	净宽度	900、1 200、1 500、1 800
	高度	2 100
外窗	净宽度	300 的整数倍
	高度	300 的整数倍

注：以上尺寸按 3 M 模数确定。

1. 窗户布局的重要性

在中小学教学楼立面的标准化设计中，窗户的布局至关重要，它能直接决定教学楼的自然光照和通风情况，不仅有助于创造一个健康舒适的学习环境，还能提高能源效率，减少对电力的依赖。自然光可以提高学生的注意力和学习效率，同时减少视觉疲劳，对学生的学习和身心健康有着显著的积极影响。为了最大化自然光的引入，窗户应被设计成大尺寸，或通过多个窗户的布局来增加室内光线的渗透。这些窗户应布置在建筑能够捕捉到最多日照的方向，如朝南或朝北（根据地理位置而异）的墙面上。窗户的设计还应避免过度的直射阳光，以防止室内过热和强光照射。学校可以使用可调节的窗帘或百叶窗，以控制进入教室的光线强度，使教室内的光线更为柔和，同时保持适宜的室内温度。良好的通风是维持室内空气质量的关键，特别是在没有中央空调系统的教学楼中。窗户的设计和布局应允许空间进行有效的空气交换，所以窗户应设置在教学楼的不同方向，以实现交叉通风，使新鲜空气可以从一侧进入，旧空气从另一侧排出。这种布局有助于减少空气中的污染物和过敏原，保证教室内的空气清新。在考虑自然光照和通风的同时，窗户的设计还需要确保窗户的安全性，应选择坚固的窗框和安全的玻璃材料，以防止意外事故发生；对于位于较低楼层的窗户，可能还需要考虑安装防护栏或安全网，以防止学生意外坠落。

2. 门布局的重要性

在设计门的布局时，最需要考虑的是日常使用和安全疏散的需求，尤其是在门外连接主入口和走廊区域的情况下。对学生来讲，门是他们进出教室和教学楼的主要通道，一旦发生火灾或其他紧急状况，门需要确保师生快速、有序地疏散。因此，门的布局应便于紧急疏散，这意味着主入口、紧急出口以及楼梯通道附近的门必须易于识别和访问，紧急出口应清晰标识，并且无障碍，即使在复杂或拥挤的情况下也能迅速打开。这就要求设计师在设计这些门时，应避免狭窄的通道或任何可能导致拥堵的障碍。门的设计必须遵循无障碍标准，以便残障人士可以轻松使用，包括合适的门宽、无门槛或低门槛设计以及易于操作的门把手。换言之，无障碍门通常比标准门更宽，方便轮椅和其他辅助设备的快速通过，当然，使用自动门或低阻力门也是提高无障碍性的好方法。对于视力障碍人士而言，他们可能需要触觉或听觉信号以识别门的位置和状态。为了保证门的通畅，门的材料和结构应当根据门的位置和使用目的进行选择，主入口和紧急出口可能需更坚固耐用的材料，以抵抗频繁使用带来的磨损，同时在紧急情况下提供必要的安全保护。

3. 教学楼教室门窗的标准化尺寸

中小学普通教室和专用教室的门窗标准化尺寸如图4-20所示。

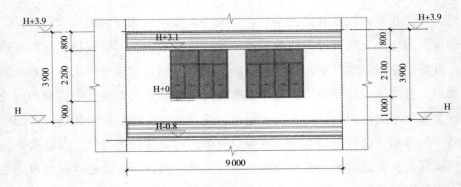

（a）小学普通教室主采光面立面

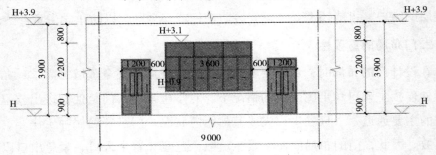

（b）小学普通教室外廊面立面

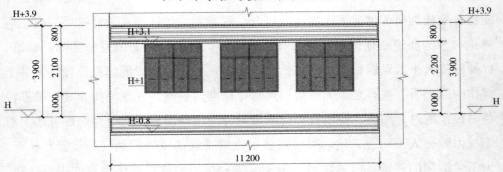

（c）中学普通教室主采光面立面

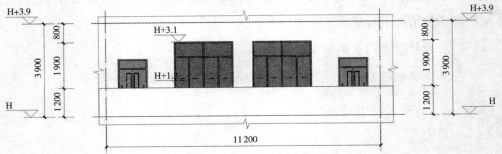

（d）中学普通教室外廊面立面

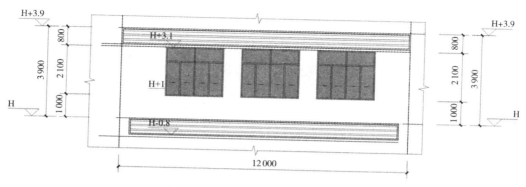

（e）小学专用教室主采光面立面

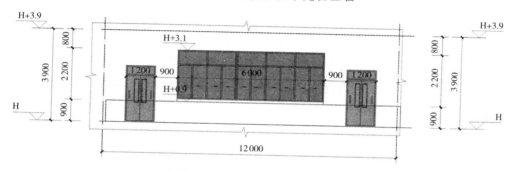

（f）小学专用教室外廊面立面

注：门窗洞口尺寸仅为示意，可根据需求设计。

图4-20 普通教室和专用教室的立面示意图

（二）窗户的标准化设计

1. 窗户的尺寸标准

中小学教学楼窗户的标准化尺寸如图4-20所示，但在实际建筑中，具体的尺寸标准还取决于以下几个关键因素，包括光照需求、通风效果、安全规范以及消防安全规范。

（1）光照需求。教室内的自然光照不仅可以提高教室内的照明质量，还能够提振人的情绪，增加活力，有助于提高学生的注意力和集中力，对学生的情绪和学习效率有正面影响。充足的自然光还与改善视力健康有关，可以减少长时间在人工光照下学习带来的眼睛疲劳。根据建筑和教育专家的建议，窗户的面积应至少占教室墙面面积的20%，以确保充足的自然光能够照亮教室内部。

（2）通风效果。在教学楼窗户的标准化设计中，通风效果是一个至关重要的考虑因素，良好的通风不仅能够确保室内空气质量，还有助于创造一个健康、舒适的学习环境。为了实现有效的自然通风，窗户的设计应该保证足够的空气流通。一般而言，窗户的可开启部分至少应占窗户总面积的25%，这样的设计可以确保在大多数天气条件下教室内都能拥有充足的空气流动。

（3）安全规范。在中小学教学楼窗户的标准化设计中，窗户的安全性是一个不可忽视的重要因素，尤其是在儿童频繁活动的学校环境中。确保窗户的安全性不仅涉及防止学生的意外伤害，也关系到学校的整体安全管理。

为防止学生（尤其是年龄较小的孩童）意外坠落，窗户的窗台高度通常不低于90 cm，这样的高度可以防止学生不慎爬上窗台或通过窗户跌落，这一标准在幼儿园和小学中尤为重要，因为年幼的学生可能对危险缺乏足够的认识。除了必要的高度，窗户的锁定机制也是保障安全的重要内容，所有窗户都应配备儿童安全锁或限位器，确保学生不能自行打开窗户，而成人能在紧急情况下迅速打开窗户进行逃生或通风。这些安全装置应定期检查，以保持其良好功能。

（4）消防安全规范。遵循消防安全规范对于中小学教学楼的窗户设计至关重要，因为在紧急情况下，窗户可能会成为逃生路线的关键组成部分，特别是在地面楼层或低层建筑中，窗户作为次要逃生通道尤其重要。因此，确保窗户满足消防安全标准是窗户标准化设计过程中的一个重要考量。

2. 开窗方式的标准化设计

开窗方式的标准化设计是确保中小学教学楼窗户功能性、安全性及美观性的关键，也是保证窗户能够满足各种使用需求和环境条件的重要组成。

操作便利性是中小学教学楼窗户标准化设计的一个重要考虑因素，特别是在需要频繁调节通风和光照的教室环境中，窗户的开启方式对于确保教室的舒适性和功能性至关重要。

（1）推拉式窗户。推拉式窗户是学校常用的一种窗户类型，主要优点是操作简单、节省空间，学生和教师可以轻松地沿着轨道推动窗户，快速调节通风。这种窗户由于不需要向外或向内开启空间，特别适用于空间有限的教室。推拉式窗户的密封性能通常较好，有助于保持室内温度，降低噪声。

（2）上悬式窗户。上悬式窗户即顶部铰接并向外开启的窗户，其主要优势是即使在雨天也能保持通风。这种窗户的设计可以在提供稳定的空气流通的同时阻止雨水进入室内，这对于维持教室内良好的空气质量非常重要。上悬式窗户通常配有方便的开启机制，允许用户调节开启的角度。

（3）平开式窗户。平开式窗户是另一种常见的选择，特别是在需要较大开启面积以提供充足通风的情况下，这种窗户可以向内或向外完全开启，提供优秀的通风效果。平开式窗户的密封性和隔声性能通常较好，也可在紧急情况下作为逃生出口使用。

（三）门的标准化设计

1. 门的尺寸

（1）教室门的标准尺寸。一般情况下，教室门的标准宽度被设定为 800～900 mm，这个宽度范围考虑到了多种使用情况，可以确保大多数人方便地进出，拥有足够的空间以便携带或推送教学材料和设备。教室门的高度通常设定为 2 000～2 100 mm，如果是上方带窗的门，高度可以适当增加 300～500 mm，这样的高度设计可以适应不同身高的人群，无论是较高的成年人还是身高较低的学生，都可以轻松进出。

（2）门的特殊尺寸。在教学楼门的标准化设计中，教室门应符合无障碍标准和安全消防规范，从而确保包括残障人士在内的所有人可以在紧急情况下快速疏散，安全、方便地使用教室门。为了方便残障人士（特别是轮椅用户）能够轻松进出，门的最小宽度通常设定为 90 cm 或更宽，这样不仅能够使轮椅用户无障碍通过，还能方便使用拐杖、助行器或其他辅助设备的人士。无障碍设计标准还对门槛和门把手提出了高要求，教室门应是无门槛的或低门槛的，同时搭配合适的门把手高度，确保所有用户都能方便地操作门。

安全消防规范对教室门的尺寸也有特定的要求。为了保证教室内的人员可以在火灾或其他紧急情况下完成疏散，门的尺寸应足以允许大量人员快速疏散，尤其是在大型教室或具有特殊用途的教室中，这意味着设计的门要比标准宽度更宽，以确保人员在紧急情况下的安全撤离。门的开启方式也应易于快速打开，避免在紧急情况下造成拥堵。

2. 不同作用门的设计

教学楼中不同房间的门的设计需要根据各房间的具体用途和功能需求来定制。

（1）普通教室门。普通教室门在教学楼中扮演着重要角色，不仅是进出通道，也是确保教室安全和隐私的关键，所以在设计这类门时，设计师要平衡多个因素，主要包括安全性、耐用性和便捷性。

普通教室门的安全性是一个不可忽视的重点。普通教室门应该配备门锁，而门的锁定机制应该是既强固又易于操作的，以便在需要时快速锁定或解锁。例如，配备内部锁定装置可以在紧急情况下从内部快速锁定门，同时避免外部非授权人员进入。考虑到学校环境中门的频繁使用，教室门的材料需要足够坚固以承受日常磨损。木材是一个常见且优秀的选择，因为它不仅可以提供自然美感和良好的隔声效果，经过特殊处理还能大大增强耐用性和防潮性能。铝合金也是一种优秀的选择，它既轻便又不易腐蚀，还易于维护，具有现代化的外观，充满现代化的气息，在现代化要求高或更高耐用性的场合使用最为恰当。

此外，不同教室的使用者年龄不同，为了保证使用的便捷性，门的宽度和开启方式应方便学生和教师的进出，特别是在课间休息这种用门高峰时段，应确保门无论多么拥挤也能流畅使用。门的高度和把手设计也应考虑到不同年龄段学生的易用性。

（2）实验室门。实验室门的设计需要考虑特定实验室环境的额外要求，如隔声性能和防火特性，在满足基本安全的基础上追求便捷性。

由于实验室常常要进行各种实验活动，这些活动可能伴随着明显的噪声（如设备运行声、化学反应声等），因此实验室门的隔声性能就显得尤为重要。隔声门可以有效减少声音的传播，保证相邻教室或走廊的安静环境，这对于维持教学楼内部的学习和工作环境至关重要。隔声门的制作可以采用更厚重的材料，或者使用特殊的声音吸收层或密封条来减少声波通过门缝传播。为了保证实验室的安全，门扮演着一个非常重要的角色，特别是在处理易燃、易爆或有害化学品时，门可以有效隔离两个空间。因此，实验室门应该具备防火特性，以防止火势在紧急情况下蔓延。通常情况下，实验室防火门是由耐火材料（如钢或特殊的耐火材料）制成的，并配备专门的密封系统，可以防止火焰和烟雾穿过门缝。基于此，实验室门在设计上也要易于快速打开，以便于在实验出现危险时紧急疏散。

除此之外，实验室门的大小和开启方式应方便学生和教师带着实验设备和材料进出。同时，门的表面材料应易于清洁和维护，防止因实验室的工作环境导致更大的污渍和磨损。

（3）音乐室门。音乐室在教学楼中通常用于进行音乐练习、表演艺术和其他创意活动，这些活动往往伴随着较大的声音。因此，这些房间的门的设计需要特别关注隔声需求，以防止声音干扰到相邻的教室或其他教学空间。

为了取得良好的隔声效果，音乐室门可能需要使用更加厚重的材料，常见的隔声材料包括密集的木材、特殊的隔声板或层压板，这些材料能够吸收和阻隔声音，减少声波通过门传递到外部的情况，加厚的门还能减少由于乐器演奏或声音放大器产生的振动。当然，使用双层门或具有内部填充的门也可以起到良好的隔声效果，甚至可以考虑安装专业的声学门，这种门专门为音频录制室和演播室等高要求的音频环境设计，能提供极佳的隔声效果。除了从门的材料方面着手，设计师也可以考虑增强门的密封性，进而提高隔声效果。例如，在门的四周和底部配备高质量的密封条，确保不留缝隙，常见的密封条材料包括橡胶、硅胶或其他合成材料，它们具有良好的弹性和耐久性。这些密封条不仅可以防止声音泄漏，还能防止外部噪声干扰室内的教学和练习。音乐室门的设计还应考虑美观性以及与室内装饰的协调性，设计师可以综合考虑空间的创意和艺术性质（如采用独特的颜色、图案或设计元素），设计出更具创意和个性化的门。

三、内隔墙的标准化设计

在现代中小学教学楼设计中，内隔墙的应用不仅包括空间划分，还具有重要的结构安全、防火、隔声和保温等功能。预制内隔墙技术包括预制内隔墙、预制内隔墙与管线一体化、预制内隔墙与管线装修一体化等，能够为建筑设计提供高效、灵活的解决方案。这些墙体可以广泛用作房间间隔、走廊分隔、楼梯间隔等，其厚度和材质的选择必须满足建筑物对抗震、防火、隔声和保温的功能要求。

预制内隔墙的隔声性能是设计时的重要考虑因素之一，必须符合《民用建筑隔声设计规范》（GB 50118—2010）的相关规定，以及满足具体工程设计的需求，确保居住和工作空间的舒适性。预制内隔墙在用于吊挂重物和设备时，考虑到安全性和稳定性，禁止单点固定，需采取加强措施，如增设预埋件和锚固件，并保证固定点间距大于300 mm，同时进行防腐或防锈处理，以延长内隔墙的使用寿命。在卫生间及其他需要防潮、防水处理的环境中，预制内隔墙的应用需要更加细致，采取有效的防潮、防水构造措施，如在隔墙下端设置C25细石混凝土反坎，高度应不小于200 mm，并在墙面采用防水层或防潮层处理，以防水汽渗透，确保建筑的干燥和卫生。此外，考虑到电气和智能化设施的安装需求，内隔墙两侧预留和预埋的电线槽和线盒应错位布置，以保证线槽净距不小于50 mm，这种设计不仅能方便后期维护和线路的更新改造，还能有效避免因电线槽和线盒集中布置而导致的墙体受力不均、隔声性能降低的问题。

第三节　装配式中小学教学楼室内标准化设计

一、教学楼室内空间的标准化设计

（一）室内空间配件的标准化设计

1. 公告栏

公告栏作为传递各种信息和通知的中心平台，其标准化设计在室内空间中扮演着关键角色。有效的公告栏不仅涉及外观和功能性，还包括它在空间中的定位和使用者的互动体验。

公告栏标准化设计的关键在于易于识别和阅读的布局，这意味着公告栏应该有清晰的分区来展示不同类型的信息，如事件通知、公共通告或紧急信息。阅读布局的标准化设计应考虑阅读者视觉的直观性，使用高对比度的颜色和清晰可读的字体能够使人们迅速定位他们感兴趣的信息，提高公告栏的易读性。公告栏的尺寸设计需要考虑其内容的多样性和数量，足够大的尺寸不仅能够容纳不同类型的通知，还能确保这些信息即便在较远的距离或不同的角度也能被清楚地看到，这一点是特别重要的，尤其是在学校这种人流量大的区域。公告栏可能会因为频繁地使用和更换信息出现损坏的情况，因此选择耐磨损、易于清洁的材料是必要的，钢化玻璃、金属或高质量的塑料等都是不错的选择。当然，材料的选择还应考虑整体设计美学，确保公告栏与周围环境协调一致。

公告栏的位置选择是标准化设计另一个关键的因素，最理想的位置应该是人们容易访问但又不会阻碍正常通行的地方，如入口区域、等候区或其他高流量区域，在这些区域设置公告栏可以确保信息的最大曝光率。同时，为了方便同身高的人群阅读，公告栏的高度应适中。随着技术的发展，数字公告栏成为一个越来越受欢迎的选择，这种公告栏不仅能提供更大的灵活性和实时更新信息的能力，还可以通过多媒体内容吸引观众的注意力。

2. 展示墙

展示墙不仅可以用于展示艺术作品、信息图表和其他视觉内容，还能提升空间的整体美感和文化氛围，其标准化的设计在室内空间中扮演着重要的角色，可以从美观性、实用性和观众的互动体验等方面着手。

展示墙的照明设计对展示内容的呈现起着至关重要的作用，适当的照明不仅能确保展品清晰可见，还能突出展品的特点，营造必要的氛围，但具体照明的选择应根据展示内容的特性来定，如艺术作品可能需要柔和且均匀的光线来突出细节，信息图表则可能需要更明亮、直接的光线以确保可读性。因此，安装可调节的照明系统可以为不同类型的展示提供更大的灵活性。为了保证展品的可见性，展示墙墙面的材质选择应尽可能选用不易反光且易于维护的材料，如哑光漆、质感涂料或特殊的墙纸。

展示墙的高度和布局是确保不同身高观众舒适观看的关键，展示内容应位于平均视线高度，这样无论是成人还是儿童都能轻松欣赏到展示内容；而展示区域的布局应避免过度拥挤，确保观众能够在不同角度和距离下观看展品而不受干扰。为了提升观众的互动体验，展示墙附近可以设置解说牌或互动屏幕，这些配件可以提供关于展示内容的更多信息，提高观众对展品的了解和兴趣。例如，艺术作品旁的解说牌可以介绍艺术家的背景和作品的创作灵感，互动屏幕则可以展示相关的视频或动画，为观众提供更丰富的内容。展示墙的美

装配式中小学建筑标准化设计

学设计与整体空间感觉紧密相关，选择与空间其他元素协调一致的色彩和设计风格，可以创造一个和谐且吸引人的环境，同时将展示墙转变成空间设计的焦点，通过其独特的视觉效果吸引观众的注意。

3. 信息屏

随着数字技术的不断发展和普及，信息屏的出现和标准化设计在现代室内空间中起着至关重要的作用。这些信息屏不仅是传达信息的高效媒介，还能增强空间的互动性和现代感。信息屏设计的核心是高分辨率，这种高清晰度确保了无论是文本、图像还是视频内容都能清楚、准确地展示，观看者无论距离屏幕有多远都能看清内容。这不仅涉及屏幕本身的质量，还涉及图像和文字内容的渲染方式，对于信息量较大的内容，信息屏应确保不会因分辨率问题而导致细节丢失或可读性降低。

信息屏界面设计的直观性和简洁性对其标准化设计同样重要，一个好的界面设计应该拥有清晰的布局、直观的图标和易读的字体，使用户能够迅速理解信息屏的内容并掌握如何操作（如果是触控或互动屏幕的话）。同时，信息屏应考虑到用户界面的逻辑性，使用户能够自然而然地导航至他们需要的信息。信息屏的高度和角度应该适应不同身高的用户，包括老人、儿童以及轮椅使用者，信息屏的一部分内容应该设置在不同的视线高度，屏幕位置和倾斜的角度对轮椅使用者阅读屏幕内容有很大帮助。考虑到视觉障碍者，信息屏也可以集成音频输出或语音激活功能，提供等效的信息传达方式，这也是现代信息屏设计的一个重要方面，可通过集成诸如 Wi-Fi、蓝牙和近距离无线通信技术等提供更多交互功能。

（二）室内空间照明的标准化设计

室内空间照明的标准化设计是确保空间既实用又具有吸引力的关键因素，照明不仅能影响空间的氛围和美观，还直接关系到空间的安全和功能性。

1. 光照强度和均匀性

光照强度和均匀性在室内空间的照明设计中起着至关重要的作用，不仅能影响空间的功能性，还能影响使用者的舒适感和整体体验。办公区域通常需要较高强度的照明以及均匀分布的光线，这样有助于减少眼睛疲劳，便于阅读和集中工作，从而提高工作效率。为了提高视觉舒适度，室内空间可以使用防眩光的灯具，并避免光直接照射到工作面。办公环境通常推荐使用接近自然光的色温，这样有助于创造一个更自然且能集中注意力的工作环境。而在休息区和展览区，照明设计的重点在于创造一个温馨、放松的氛围，所以这些区域的照明不需要像工作区那样强烈，而是应该更加柔和舒适，推荐使用温暖色调的光源，这样不仅可以帮助放松心情，还能营造出一种宁静和舒适的环境。这里需要注意，区域照明设计也应该考虑到美学效果，这一点可以通过精心设计的灯具和照明效果来实现，以增强空间的视觉吸引力。

2. 节能和可持续性

节能和可持续性是现代照明设计的核心，在室内空间的照明系统中，这一点尤为重要。随着人们环境保护意识的增强和能源成本的上升，使用 LED 等节能灯具成为优先选择。LED 灯具的优势在于高效的能量转换率和长久的使用寿命，相比传统的白炽灯或荧光灯，LED 灯具能以更低的能耗提供相同甚至更亮的光线，且发热量较低，能减少空调等冷却系统的负担，进一步节约能源。集成先进的智能照明系统（如光感应器和定时器），可以使照明系统更加高效，其中光感应器可以根据环境光线的变化自动调整室内照明的亮度，避免在光线充足的情况下过度使用人工照明；而定时器可以在非使用时间自动关闭灯光。这两种零部件作为智能照明系统的核心，可以在阳光充足的日间自动减少室内照明的使用，而在阴暗的天气或傍晚时提高照明强度，还可以在夜间或周末自行关闭，这不仅能节约能源，还能延长照明设备的使用寿命。

3. 安全照明

安全照明在室内空间照明设计中占据着至关重要的地位，在紧急出口、楼梯以及其他可能存在安全风险的区域提供充足且恰当的照明是必不可少的，这种照明不仅要确保在正常情况下的安全通行，还要在突发情况下提供必要的指引和支持。紧急出口的照明需要在出口标志上安装持续亮起的灯光，以及在通往出口的路径上布置足够的照明，其照明应是明显且持续可见的，以确保在紧急疏散时，人们能够迅速且清晰地识别出口位置。楼梯和坡道区域也需要特别注意，因为这些地方在照明不足时容易发生跌倒和滑倒事故，所以楼梯的每一级和转角处都需要有充足的照明，确保安全通行。还有一点需要注意，在停电或其他紧急情况下，应急照明系统的启动尤为重要，这种系统通常由电池或备用电源驱动，能在主电源失效时自动启动。应急照明系统应覆盖走廊、楼梯、出口通道和主要集合区域，确保在紧急情况下有足够的照明引导人们安全撤离。此外，应急照明系统还应包括指示牌和地面指引，指示最近的出口方向和疏散路线。

（三）室内内装的标准化设计

普通教室与专用教室的内装设计可根据项目实际情况分为两种配置，配置标准如表 4-21，4-22 所示。

表4-21　普通教室各配置标准

配置	类型	
	吊顶	墙面
配置一	装配式吊顶	装配式墙面
配置二	原始顶面刷无机涂料	1 200 mm 高装配式墙面 + 涂料

表4-22　专用教室各配置标准

配置	类型	
	吊顶	墙面
配置一	装配式吊顶	装配式墙面
配置二	原始顶面刷无机涂料	装配式墙面

1. 内装部品模数

在现代建筑设计中，采用模数化设计是实现建筑标准化、系列化和工业化的重要手段之一。在具体应用中，吊顶、地面以及墙面的设计应采用不同的模数规格，以满足各种功能需求和美观要求。吊顶设计需采用 3 M 模数，常见的规格包括 300 mm × 300 mm、300 mm × 600 mm 以及 600 mm × 600 mm 等，这样的设计既能保证吊顶的整体协调性，又能方便安装和维护。干式工法的楼地面设计同样采用 3 M 模数，常用的规格有 600 mm × 600 mm 和 600 mm × 1 200 mm 等，这种设计不仅能满足结构和使用功能的需求，还能方便地面铺设工作的标准化和模块化。教室墙面的设计则采用 6 M 模数，其中普通教室墙面的规格通常为 600 mm × 1200 mm，专用教室墙面的规格则为 1 200 mm × 2 400 mm，这样的墙面设计不仅能满足教学空间的特定需求，还能够提供更多的灵活性和可变性，以适应不同教学活动。通过这种模数化设计，建筑不仅能够实现高效的空间利用和美观的视觉效果，还能够在施工过程中实现快速安装和成本控制。

2. 吊顶的标准化设计

在现代教育建筑设计中，设计师对于教室和过道的顶部处理通常采取灵活多样的方式，以满足不同的功能需求和美学要求。对于教室顶面，设计师可以选择使用原始顶面刷涂无机涂料的方式，这种方法简洁而经济，便于保持教室内部的明亮和清爽；也可以采用装配式吊顶模式，这样不仅能增加空间的美观性和现代感，还能为后期的管线维护和更换提供便利。对于过道顶部，考虑到管线繁多且复杂的情况，采用局部边吊的形式（如使用金属格栅、铝板、硅钙板等材料）不仅能丰富过道空间的视觉效果，还能满足功能上的需求。这些材料的选择不仅美观耐用，而且拆装方便，能大大方便施工和维护工作的进行。在具体实施时，教室内的吊灯、吊扇、投影仪等设备的安装点位需提前确定，其中吊扇的安装需要预埋零部件，以确保安装的准确性和安全性。这种细致入微的设计考虑能为教育空间提供一个既美观又实用，且易于维护的高质量环境。

3. 楼地面的标准化设计

在现代教育建筑的楼地面设计中，设计师通常根据教室的用途和特定的功能需求采用不同的材质和施工方法，以提高空间的使用效率和安全性。普通教室推荐使用干式工法，并采用地胶或地砖等材质作为地面覆盖物，这些材质不仅美观耐用，而且易于清洁和维护。规格方面，建议采用 600 mm × 600 mm，以便于铺设和更换。专用教室（如实验室、计算机房等）通常采用架空楼地面，这种设计可以方便地布置和维护地下的电缆和管线，同时可以根据需要调整地面的高度或坡度，确保空间的功能性和灵活性。对于需要满足特殊安全和卫生要求的房间（如化学实验室和计算机教室），地面材料需要具备抗污染、易清洁及防静电等特性，以保障使用者的安全和健康，因此这些区域宜采用具有上述特性的干式工法地胶。此外，架空楼地面设计还需确保面层平整度，高度设置要满足使用需求，并与管线路径的综合设计相结合，以实现教育建筑的高效、安全和舒适使用。

二、无障碍与安全设施的标准化设计

（一）教学楼交通空间的标准化设计

中小学校教学楼的交通空间主要包括楼梯间模块和电梯间模块，楼梯间模块和电梯间模块可灵活组合，满足不同的使用需求。

1. 平面模数标准化

教学楼的梯段宽度应不小于 1.20 m，并按 6 M 模数增加梯段宽度。教学楼楼梯间通用模块平面如图 4-21 所示。

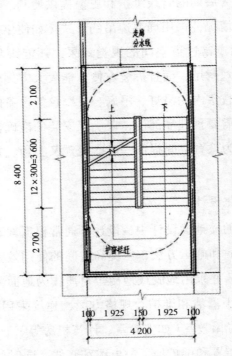

图 4-21　教学楼楼梯间通用模块平面

教学楼标准双跑楼梯的尺寸应按照表 4-23 选用。

表4-23 双跑楼梯的尺寸

层高 /mm	楼梯开间轴线宽度 /mm	梯井宽度 /mm	梯段踏步数	构件制作尺寸			
				梯段板水平投影长度 /mm	梯板宽度 /mm	踏步高 /mm	踏步宽 /mm
3 900	4 200	100	13	4 540	1 950	150	300
3 600	3 600	100	12	4 240	1 650	150	300

在现代中小学教学楼建筑的设计中，电梯井道和公共设备管井的规划是确保建筑功能性和安全性的关键。电梯井道的设计存在一系列优先尺寸和要求，以满足不同类型电梯的需要。载客电梯的设计载重应不小于 1 000 kg，以满足大部分建筑对于人流和载重的需求。对于同时兼顾无障碍访问需求的电梯，其井道的开间及进深的净尺寸应不小于 2 200 mm × 2 200 mm，确保足够的空间以容纳轮椅等辅助设备，方便乘客进出。公共设备管井的设计同样至关重要，其净尺寸需要根据设备管线布置的实际需求来确定，以便为建筑内部的各种管线提供足够的空间，包括电力、通信、给排水及空调等系统。为了提高建筑设计的标准化和模块化程度，公共设备管井的尺寸宜符合 3 M 模数原则，这不仅有助于简化设计和施工流程，也便于未来的维护和管线更新。设计师通过精心规划电梯井道和公共设备管井，可以有效提升建筑的功能性、安全性和可持续性，同时为使用者提供更加便利和舒适的环境。

2. 竖向模数标准化

教学楼楼梯间模块的剖面示意图如图 4-22 所示。

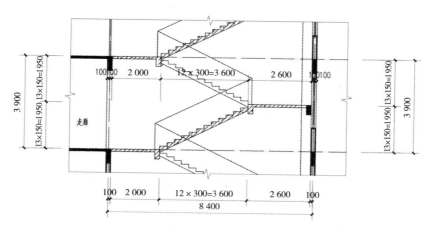

图 4-22 教学楼楼梯间模块的剖面示意图

楼梯踏步、梯井、扶手等设计应满足《中小学校设计规范》（GB 50099—2011）、《民用建筑设计统一标准》（GB 50352—2019）的相关要求。

3. 结构标准化设计

学校建筑楼梯应采用装配式混凝土预制楼梯。楼梯间楼层平台可采用预制带肋混凝土叠合楼板，休息平台板可采用现浇混凝土板。教学楼楼梯间模块的结构布置如图 4-23 所示，教学楼楼梯间模块的梯段板示意图如图 4-24 所示，构件统计如表 4-24 所示。

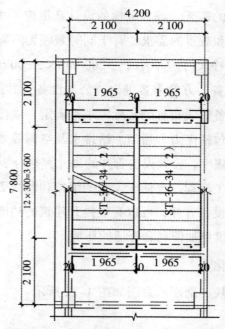

图 4-23　教学楼楼梯间模块的结构布置

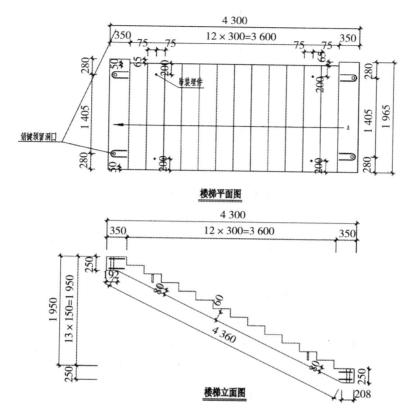

图 4-24 教学楼楼梯间模块的梯段板示意图

表4-24 教学楼楼梯间模块的构件统计

编号	型号	数量
①	ST-36-34(2)	2
合计	—	2

4. 交通空间内装的标准化设计

教学楼交通空间模块的内装设计可根据项目实际情况分为三种配置，配置标准如表 4-25 所示。

表4-25　交通空间模块各档次配置表格

配置	分类		
	吊顶	地面	墙面
配置一	装配式吊顶	干式工法楼地面	装配式墙面
配置二	局部吊顶	干式工法楼地面	装配式墙面
配置三	原始顶面刷涂料	干式工法楼地面	涂料

（二）室内导视系统和标识的标准化设计

在教学楼内部署一个有效的导视系统和标识设计，对于确保校园内部的流畅导航和提高整体的使用体验至关重要，这些标识不仅可以提供清晰的方向指示（如教室、办公室、图书馆和食堂），帮助学生、教职工和访客快速找到他们的目的地，还可以依托视觉的一致性实现无障碍通行。

室内导视系统的核心是清晰的方向指示，可以在教学楼的大厅、电梯旁和楼梯口等关键节点放置明显的标识，构成特殊的导视系统，指引人们前往各个重要区域。这些标识应该直观、醒目，以便迅速引起过往人群的注意，同时需要考虑到不同类型的用户，特别是那些不熟悉校园环境的人，标识放置的位置和合理的布局是至关重要的。所有的标识应使用通用的符号和清晰的文字说明，特别是对于指示教室号码和部门名称的标识，这样可以确保不同背景和语言能力的人都能轻松地理解标识的含义，同时，搭配清晰可读的、大小适中的字体能够确保人们即使在较远的距离也能轻松辨认。为了体现学校的包容性，标识设计需要考虑到所有人的需求，特别是轮椅使用者和视障人士的需求，这可能需要在标识中加入盲文，或使用更大的字体、搭配语音提示，以确保标识的位置对于轮椅使用者和视障人士来说是可达的。

标识的设计应与教学楼的整体装饰风格和学校的品牌形象相协调，这种一致的视觉风格有助于提高标识系统的辨识度和美观性，加强空间的整体感，促进学校品牌形象的建立和强化，这意味着标识在颜色选择、字体类型和图形设计上应保持一致性。当然，学校也可以将文化和艺术元素融入导视设计中，如使用学校吉祥物、校徽或其他代表性图案作为导视设计的一部分，这样不仅能美化空间，还能强化学校的文化特色，增强学生和教职工对学校身份的认同感。学校可以在走廊和公共区域标识的周边展示学生的艺术作品，或者使用历史照片和校园传统的视觉元素来讲述学校的故事，这样的设计不仅能丰富视觉体验，还有助于构建一个有凝聚力的学校社区。导视系统的有效性离不开及时的更新和维护，学校的发展可能会新增建筑、改变房间用途或进行翻新工程，中小学教学楼建筑的结构和用途也可能发生变化，这就要求室内导视系统具有足够的灵活性和可持续性，以便在未来进行调整或更新，更快地适应这些变化。这一点可以通过更换标识板或数字显示屏来实现，不仅可以更方便地更新信息，而且不需要整个系统大规模的更换，可大大节约经济成本。为了保证导视系统的长期使用，设计师在设计时应考虑材料的耐用性和易维护性，确保标识在长期使用后依然清晰可见。此外，紧急信息和安全指示的有效传达是任何教育机构导视系统设计中的必要部分，紧急出口、消防设备和集合点等的标识应遵循国际安全标准，明显且易于识别，这些标识对于确保学校社区成员在火灾、地震或其他紧急情况下的安全至关重要，适当放置的紧急指示标识可以迅速疏散人群，减少混乱和潜在的伤害。

（三）安全出口、消防设备与急救设施的标准配置

在教学楼内部署安全出口、消防设备和急救设施是确保学生、教师和访客安全的关键，这些设施的标准配置应遵循相关的安全规范和法律要求，并考虑实际的空间布局和使用需求。

1. 安全出口

安全出口在任何建筑，特别是教学楼中的重要性不容忽视，它们是在紧急情况下确保师生和工作人员安全撤离的关键，合理规划安全出口的数量、位置和设计对于提高建筑的整体安全性至关重要。安全出口的数量和位置必须根据建筑的规模、设计和使用人数来确定，通常遵循当地的建筑和消防规范，确保在火灾、地震或其他紧急情况下，所有人都能迅速、安全地撤离。对于大型教学楼或多层建筑来讲，安全出口越多越好，同时要均匀地分布在各个楼层和区域当中，以防止人们在撤离过程中出现拥堵。每个安全出口都应有明显的标识（如绿色的"出口"标识灯或箭头指示能够指向最近的安全出口），这些标识应放置在易于看到的位置（如门上方或走廊的尽头），其设计应注重清晰的标识

和无障碍的访问。除了可见标识，安全出口的物理设计也需要考虑无障碍性，确保所有人（包括残障人士和行动不便者）都能安全使用。例如，出口门应足够宽，没有台阶或其他障碍物，门把应易于操作，且门扇在紧急情况下能自动开启或易于推开。安全出口的分布也是一个重要的考虑因素，出口的位置应使从任何地点到达出口的距离和时间都尽可能短，出口设计应避免死角和迂回的路径，应是最理想的直接通往外部安全区域的直线路径。

2. 消防设备

在教学楼中，消防设备的标准配置是保障师生安全的基石，这些设备不仅要符合法律规定和安全标准，还需根据建筑的特点和使用情况进行适当布置，确保每个区域都配有适当的消防设施，这对于预防火灾、及时应对紧急情况至关重要。灭火器的放置应遵循易于访问和高可见性的原则，通常应放置在显眼的位置，如走廊、教室入口、实验室以及任何潜在的火灾高风险区域附近。灭火器的种类应根据不同区域的具体需求选择，如化学实验室使用的灭火器应与普通教室或办公室中使用的类型不同。除了必须放置灭火器，对灭火器进行定期的检查和维护是确保它们在紧急情况下有效运作的关键，包括检查灭火器的有效期、压力指示和完整性。除灭火器之外，消防栓和自动喷水灭火系统是教学楼消防系统的另一个重要组成部分，消防系统应遵循当地的消防规范，合理布置以覆盖包括走廊、教室、会议室、实验室和公共聚集区域在内的所有关键区域，自动喷水灭火系统在检测到火灾时能立即启动，帮助控制火势，减少火灾蔓延的风险。因此，定期检查和测试这些系统的运作也是必不可少的。

3. 急救设施

在教学楼内设置完备的急救设施是确保学生、教师和访客在发生意外或遭遇健康紧急情况时能够获得及时援助的重要措施，急救设施的配置应全面覆盖教学楼的各个区域，以提供快速有效的医疗响应。

所有急救设施中，急救箱的配置是最基本的要求，它应放置在各个楼层最容易访问和显眼的位置（如教室、实验室以及公共空间附近），其中应包含基本的急救用品，包括绷带、消毒剂、创可贴、止血带、冰袋、急救手册等，这些用品应定期检查和补充，以确保在需要时都处于可用状态。一些有条件的学校可以在大型教学楼中设立一个配备相对完善的急救室，这个急救室应配有更全面的医疗设备和药品，如氧气罐、自动体外除颤器、急救床、基本药物等，急救室应由训练有素的医护人员管理，他们能够在紧急情况下提供初步的医疗援助，并在必要时协助联系救护车和医院。在特定的区域（如化学实验室），急救设施的配置还应针对特定风险进行优化。例如，化学实验室内应配备眼洗站和紧急淋浴设施，以应对化学品溅射事故；而体育设施附近应增配运动损伤相关的急救用品。教学楼内所有的急救设施应配有明确的标识，并在教学楼的导视系统中明确指示，以确保在需要时能被迅速找到和使用。

第五章　装配式中小学宿舍楼标准化设计

第一节　装配式中小学宿舍楼平面标准化设计

在中小学学生宿舍楼的平面标准化设计中，对各种功能区域的合理布局和规划至关重要，能够确保学生的居住舒适性和方便性。宿舍楼不仅应包括基本的居室，还应包含管理室、储藏室、盥洗室和卫生间等必要设施。其中，管理室是宿舍管理人员的工作区域，对于维护宿舍的秩序和安全至关重要；储藏室是存放个人物品和清洁工具的空间，有助于保持宿舍环境的整洁和卫生；盥洗室和卫生间可以满足学生的日常生活需求，它们应根据宿舍的人数合理设置，并保证学生方便使用。盥洗室门和卫生间门与居室门之间的距离应控制在 20 m 以内，以减少学生在宿舍楼内的移动距离，提高生活效率。

为了进一步提升学生的居住体验，学校可以在宿舍主体之外修建浴室、洗衣房和公共活动室等附加设施，如图 5-1 所示。浴室、洗衣房和公共活动室可以为学生提供更多洗漱、洗衣和休闲娱乐的空间，其中洗衣房应配备足够数量的洗衣机和烘干机，以满足学生的洗衣需求；而公共活动室应设有适当的家具和娱乐设施，方便学生进行社交活动、集体学习和放松。

图 5-1　宿舍楼附加设施的空间平面图

如果学校的学生数量较多，公共设施可按照宿舍楼层进行分组设置，以减轻某些区域的使用压力，确保所有学生都能方便地使用这些设施。这样的布局还能提高宿舍的功能性，增强学生居住的舒适性和便利性。通过这种综合性的设计考虑，学校宿舍楼能够成为一个既满足基本生活需求又提供良好社交环境的综合居住空间。

一、宿舍楼主体的标准化设计

（一）宿舍区规划

1.宿舍房间类型

当前中小学宿舍楼的房间类型各不相同，有些学校由于资源充足会采取单人间或双人间，部分学校可能因为空间有限采取多人间，常见的多人间有四人间、六人间、八人间。

（1）单人间。在单人间宿舍中，学生拥有完全属于自己的空间，这不仅能为学生提供更多的隐私保护和安静环境，还能为其个性化和自我表达提供更大的自由。学生可以根据个人喜好布置宿舍，选择自己喜欢的床单、海报和其他装饰物，创造一个真正反映个人品位和风格的居住环境。单人间宿舍还由于没有室友带来的潜在干扰，使学生能够更容易地专注于学习，有助于提高学习效率，特别是在备考或完成重要学术项目时。这种独立的空间使学生必须独立地管理宿舍的日常事务，如清洁、维护秩序和时间管理，促进其自主管理和责任感的培养。

但是，与多人宿舍相比，单人宿舍的学生可能会感到较为孤立，缺乏与同龄人日常互动的机会，可能在社交互动上面临一定的限制。学校可能需要提供额外的社交活动和交流平台，以促进这些学生的社交融入和互动。

（2）双人间。双人间宿舍在房间布局方面，通常会选择两张并列的单人床，这样做能够为每位学生提供一个定义清晰的个人空间，使学生能够更好地管理个人卫生和日常生活。双人间宿舍通常配备独立卫生间和淋浴设施，部分宿舍有阳台，而阳台的加入不仅能增加空间感，还能为学生提供一个可以放松和享受户外环境的地方。当然，也有一些学校采用了双层卧具的设计，这样的布局不仅节省空间，还能为学习和活动提供更多的区域，从而创造一个更加多功能和灵活的生活环境。

双人间宿舍的设计也面临一些特有的挑战，其中最主要的是当两位室友之间出现矛盾或不和时缺乏第三方调解者的问题。因此，在这种环境中，学生需要发展更强的沟通技巧和解决冲突的能力，因为他们无法依赖其他室友来作为中立的调解者，这就要求学生在处理个人关系方面展现更高的成熟度和自我管理能力。学校也需要提供适当的支持和指导，帮助学生学习如何在紧密的共住环境中有效地解决冲突。

（3）四人间。四人间作为国内中小学宿舍中较为普遍的居住单元类型，其设计和布局充分体现了对空间效率和生活质量的综合考虑。在这种宿舍设计中，平衡集体与个人的空间需求成为核心理念。通常情况下，四人间宿舍包含两张双层床或类似的组合布局，可以最大限度地利用有限的空间，不仅能为每位学生提供必要的私人空间，还能确保足够的共享区域，以便于同学之间的交流与互动。这种宿舍的设计理念不仅在于高效地使用空间，还在于创造一个促进学生社交、学习和个人发展的环境。一个四人间宿舍中的学生可以在保持一定程度的个人隐私的同时，享受团体生活的好处。这种设置有助于培养团队合作精神和共同生活的责任感，同时为学生提供必要的个人空间，以支持他们的学习和个人成长。

四人间宿舍还有一个关键特点，那就是具有较高的灵活性，通过巧妙的家具布局和空间规划，宿舍可以轻松地满足不同的生活和学习需求，如床下的空间可以作为学习区或储物空间来实现空间的进一步优化利用。这种灵活性确保了宿舍环境不仅能满足学生的当前需求，而且能够随着他们的成长和变化而调整。

（4）六人间。六人间宿舍的设计在中小学宿舍建筑中扮演着独特的角色，在处理空间配置和居住体验方面更是起到了不容忽视的重要作用。这种宿舍类型通过结合两张双层床和两张上床下桌的布局，巧妙地在有限的空间内创造了既能睡觉又能学习的区域。上床下桌的设计体现了空间利用的高效性，使床下的空间不仅是一个休息的地方，还能成为一个小型的个人学习环境。这样的设计不仅能确保每位学生都有自己的睡眠空间，而且能为他们提供私人学习区域。但是，与四人间相比，六人间在提供个人学习和休息空间方面面临一定的挑战，因为需要容纳更多的学生，所以每个人的私人空间相对较小，这可能在一定程度上影响学生的学习和休息体验。这种局促的空间布局可能使进行集中学习或享受不被打扰的休息时间变得更加困难，在这种环境中，学生需要学会在更紧凑的空间内共处，同时在学习和休息时保持一定程度的个人独立性。

六人间的设计考虑到了未来宿舍安排的灵活性，使它可以适应不同的学生需求和学校政策。这种灵活性对于管理者而言是一个显著的优势，因为它允许学校根据学生人数的变化或特殊事件轻松调整宿舍配置；但对于学生而言，生活在一个六人间的宿舍中可能需要更多的社交技巧和适应性，因为他们需要与更多的室友互动和协调日常生活。

（5）八人间。八人间宿舍作为一种在21世纪初兴建的超大规模的住宿形式，承载着容纳大量学生的重要职责。这种宿舍类型的主要优势在于其高容量特性，使学校能够在有限的空间内安置更多的学生，特别是在学生人数众多的大型学校中，八人间宿舍能提供一种经济高效的解决方案，满足集体住宿的基本需求。这种宿舍类型通常通过最大化床位数量和优化空间布局来适应较大数量学生的居住，但这也为八人间宿舍的管理带来了不少挑战，其中最显著的是如何在维护个人空间和集体生活之间找到平衡。在一个容纳八名学生的宿舍中，每个人的私人空间相对较小，这可能影响学生的个人隐私和舒适感。而且，随着宿舍居住人数的增加，管理上的复杂性也会提高，学校需要更细致的规则和监督，以确保每个学生都能有序地共享有限的资源，如洗浴设施和学习区域。更重要的是，在多人共住的情况下，如何维护良好的生活质量、噪声控制、清洁维护和个人物品的管理都变得尤为重要。由于宿舍人数众多，宿舍内部的社交动态也更为复杂，学生需要学会与不同背景和习惯的其他七名室友和谐相处，这要求他们具备良好的沟通技巧和高度的适应性。学校方面也需提供必要的支持和指导，帮助学生在这种多元化的居住环境中找到自己的位置，构建一个积极和谐的共住文化。

2. 宿舍房间尺寸

（1）单人间。单人间宿舍的设计通常以为学生提供一个私密且舒适的居住环境，满足其个人基本生活和学习需求为出发点，其面积一般会大于 9 m²，这样的空间虽然紧凑，但足以容纳床、书桌、衣柜和一些储物空间。在这有限的空间内，设计师通常会巧妙地规划每一寸空间，以确保宿舍既实用又舒适。床通常是单人间宿舍布局中最核心的家具，其次是书桌和衣柜。床的选择通常考虑舒适度和空间占用，以确保学生可以有一个良好的休息环境；书桌的尺寸和设计往往需要考虑最大化学习和工作的效率，同时占用尽可能小的空间；衣柜和其他储物空间的设计则需要兼顾容量和占地面积，通常通过墙壁悬挂或嵌入式设计来节省空间。除了基础家具的布局，单人间的设计还要考虑到其他方面，如充足的光线、通风和个性化的装饰空间，因此窗户的设计不仅要确保自然光的引入，还要考虑到通风和室内气候的舒适度。虽然空间有限，但学生仍然具有一定的空间来展示个人的装饰品，如海报、照片或其他小饰品，这些装饰能够让宿舍显得更加温馨和个性化。

（2）双人间。双人间宿舍作为学生宿舍的常见形式，其设计需要满足两个人共同生活的需求，同时确保每个人都有足够的私人空间，其面积一般为 12 ~ 18 m²，这样的面积不仅为每位居住者提供了基本的生活设施（如床铺、书桌和储物空间），还考虑了共享生活的舒适性和便利性。在这样的面积内布局通常需要精心规划，以高效利用每一寸空间。床铺通常是并排或对称布置的，以确保每位学生都拥有自己的睡眠区域；书桌和衣柜的设计则需要最大限度地节省空间，同时提供充足的个人工作和储存空间。在一些设计中，衣柜和书桌可能会结合成一个多功能单元，进一步优化空间利用。双人间宿舍的设计还需要考虑到两个人共享空间的特性，即除了各自的私人区域，宿舍中通常还会有一些公共空间（如小型会客区或休息区），这些区域有助于居住者之间的交流和社交活动。

（3）多人间（四人间、六人间等）。在多人间宿舍的设计中，随着容纳的学生数量的增加，空间规划成为一个重要而复杂的任务。在设计学生宿舍时，居住舒适度和安全性是最重要的考虑因素。调查发现，学生宿舍每个居室内居住的学生人数应不超过 6 人，每位学生应至少有 3.00 m² 的使用面积，这样才能确保每个学生有足够的私人空间和舒适度，保证每位学生都有充足的空间进行日常活动（如学习、休息和储物），同时避免过度拥挤。对于四人间和六人间宿舍而言，它们的设计不仅需要在有限的空间内安排更多的床位，还要考虑到每位居住者的个人储物空间和共享的学习及活动区域，这种设计挑战要求在满足基本居住需求的同时，创造一个舒适、实用且有利于学习和交流的环境。

四人间宿舍的面积一般为 18 ~ 22 m²，需要巧妙布置 4 个床位，这些床位通常采用双层床的形式以节省空间，每个床位都配备必要的储物空间（如床头柜或床下抽屉），以便学生存放个人物品；书桌和椅子的布置也需精心规划，以确保每位学生都有足够的学习空间。在一些设计中，书桌可能会并排放置，或者巧妙地融入床位结构中。

六人间宿舍的面积一般与四人间宿舍的面积相近，但六人间宿舍因为需要在更大的空间内安置更多的床位和设施，所以它在设计上面临更大的挑战。六人间宿舍不仅需要考虑床位的合理布局，还要确保每个学生都有充足的个人空间和储物空间。此外，共享的活动区域（如休息区或小型会议区）也非常重要，它们能为学生提供互动和放松的空间。

（4）附加设施。在宿舍房间的设计中，附加设施的存在不仅大幅提升了居住的便利性和舒适度，也对空间的尺寸和布局提出了更高的要求。宿舍房间内常见的附加设施有私人卫生间、淋浴间和小厨房等，这些设施的存在会促使整体空间的尺寸相应增大，以满足这些额外设施的空间需求。私人卫生间和淋浴间意味着学生不必走出房间就能使用洗浴设施，这在提高个人隐私和舒适度的同时，减少了公共洗浴设施可能带来的拥挤和等待；小厨房为学生提供了自行烹饪的可能，这不仅增加了生活的自给自足性，也为宿舍生活增添了家的氛围。这些设施的存在使宿舍更像是一个完整的居住单元，而不仅是一个睡眠和学习的地方。这些附加设施的存在也意味着宿舍需要更大的空间来安置它们，这不仅是因为卫生间、淋浴间和厨房本身需要占用一定的面积，也是为了保持宿舍的基本功能区域（如睡眠区、学习区和休闲区）的空间不受压缩。因此，设计师在规划这样的宿舍时，必须巧妙地平衡每个区域的空间需求，以确保宿舍既功能齐全又舒适宜人。

3. 宿舍房间的具体规划

在现代国内中小学宿舍的设计中，随着人们对学生生理发育和个人需求的深入了解，床铺的形式和尺寸的选择变得更为细致和人性化，设计师开始采用更适合青少年学生的床铺尺寸。传统的单人床和双层铁架床以及创新的上床下桌式整体家具，都是考虑到青少年的身高和生活习惯而精心设计的。考虑到床型的不同，宿舍居室的净高也有相应的要求。单层床的居室净高应不低于 3.00 m，这样能够保证足够的空间高度以适应站立和日常活动。当使用双层床时，考虑到上层床位的使用安全和舒适，居室净高应至少提升 3.10 m。而对于高架床，由于其结构特点，居室净高需要达到 3.35 m，以确保床下的空间充足，使它既可以用作学习区域，也可以作为额外的活动空间。针对学生的身高范围，床铺的尺寸需要进行相应的调整，男生床铺尺寸调整为 900 mm × 1 900 mm，女生床铺则调整为 900 mm × 1 800 mm，这样的尺寸调整既考虑到了青少年的身高差异，又有效地节约了物料和空间。床铺上空高度应不低于 1 300 mm，这样能够确保床铺间的私密性和舒适度，同时考虑到了安全因素。在床铺设计中，青少年的隐私和睡眠质量是重要考虑因素，因此床铺周围通常会采取隔声措施，以减少周围环境的噪声干扰。床铺的收纳设计同样非常关键，考虑到学生的生活需求和空间限制，床铺通常配备床下储物空间或集成式柜子，以提供足够的收纳空间，保持宿舍的整洁和有序。

宿舍的学习空间以桌椅为主，书桌形式主要有普通书桌和整体家具书桌两种，普通书桌的尺寸为 600 mm × 420 mm × 760 mm，整体家具中的 L 形书桌部分的尺寸为 1 450 mm×900 mm。学习空间需要的是安静明亮的氛围、互不干扰的设计，因此学习空间的设计可采用自带书架和收纳功能的整体家具，确保相对独立的学习空间。我国学生的课业基本在教室及自习室完成，在宿舍的自主学习时间较短且多在晚间，因此学习空间对于自然光的要求较少，主要考虑人工照明。

除了居室本身的规划设计，储藏空间的规划同样重要，居室内每人的储藏空间一般为 0.50 ～ 0.80 m³，形式可以是书架、立柜、挂柜、整体家具储藏部分、床下等空间，储藏空间的存在不仅有助于保持宿舍的整洁和有序，还能提升居住的舒适度。储藏空间的设计应充分利用有限的空间，同时确保易于存取物品，其宽度和深度均不小于 0.60 m。除了室内空间的考虑，学生宿舍还应考虑衣物晾晒的空间需求，阳台、外走道或屋顶等区域经常被用作晾晒衣物的地点，这些区域必须采取适当的防坠落措施，以确保学生的安全，可通过安装围栏或其他安全装置，防止衣物或人员意外坠落。

（二）宿舍区的标准化设计

一个标准的学生宿舍通常安排为 8 人间，确保每位学生的人均最小使用面积不小于 4 m²，这一面积标准不包括阳台和卫生间的面积。为了在设计中减少材料的损耗，学生宿舍的门窗洞口的尺寸应与建筑的条板模数相协调，这种做法不仅能优化材料使用，还有助于加速施工进程。针对通廊式学生宿舍的走道设计，当居室单面布置时，走道的净宽应不小于 1 600 mm；而在居室双面布置的情况下，走道的净宽应不小于 2 200 mm。这样的规划能够保障走道的畅通无阻，确保在紧急情况下的安全疏散。考虑到学生的储物需求，宿舍居室内应规划合理的储藏空间，每人的储藏空间建议为 0.30 ～ 0.45 m²，且储藏空间的宽度和深度不宜小于 0.60 m，推荐采用储藏和床位一体式家具，以有效利用有限的空间，提升居住的便利性和舒适性。对于学生宿舍中空调外机的布置，优先推荐采用水平方式布置，这不仅有助于提高空调系统的运行效率，也便于维护和保养，还能最大限度地节省空间，减少对宿舍外观的影响。这些细致入微的设计考虑能够为学生提供一个安全、舒适且便利的居住环境，满足他们在校学习和生活的需求。

1. 平面模数标准化

以八人间宿舍为标准模块，其标准模块通用平面图如图5-2所示。

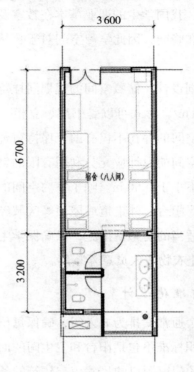

图 5-2　八人间宿舍标准模块通用平面图

2. 竖向模数标准化

八人间学生宿舍模块的立面示意图如图5-3所示。

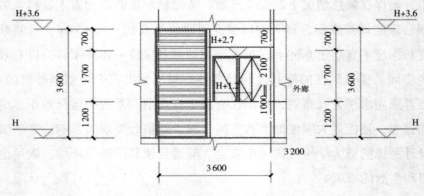

（a）八人间宿舍外立面图一

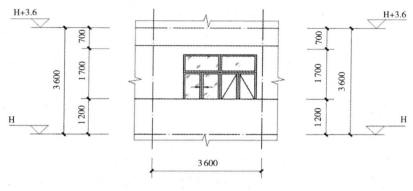

（b）八人间宿舍外立面图二

注：门窗洞口尺寸仅为示意，可根据需求设计。

图5-3　八人间学生宿舍模块的立面示意图

八人间宿舍竖向剖面图如图5-4所示。

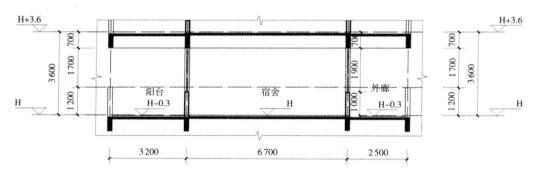

图5-4　八人间宿舍竖向剖面图

（三）宿舍结构的标准化设计

1. 结构设计

在现代学生宿舍楼的标准化设计中，主体结构可以采用多种结构体系，包括框架结构体系、异形柱框架结构体系以及剪力墙（含短肢剪力墙）结构体系，这些体系各有其特点和适用条件，能够满足不同地区和使用需求的多样性。竖向构件是宿舍主体结构的关键部分，可以采用现浇混凝土柱、现浇混凝土异形柱、预制混凝土柱、现浇剪力墙或预制剪力墙等多种形式。这些竖向构件的选择不仅关系到结构的承载能力和抗震性能，还能影响到建筑的美观和空间的灵活利用。例如，现浇混凝土柱和异形柱能够提供更大的自由度以适应复杂的建筑外观设计，预制剪力墙则能够加快施工速度，缩短建设周期。主体结构的框架梁可采用现浇混凝土梁或预制叠合梁。现浇混凝土梁具有良好的整体性和适应性，适用于复杂或不规则的结构布局；预制叠合梁则因其高效的生产和快速的安装过程，被广泛应用于标准化和模块化的建筑设计中。楼板的选择也是宿舍主体结构设计中的一个重要方面，预制带肋混凝土叠合楼板因其优良的承载能力和施工效率，成为一种理想选择。这种楼板结合了预制构件的高效性与现场浇筑的整体性，既能保证楼板的结构性能，又能提高施工的灵活性和经济性。

2. 宿舍模块常用结构布置

八人间宿舍模块的水平构件采用的是预制带肋混凝土叠合楼板，其结构布置如图 5-5 所示，构件统计如表 5-1 所示。

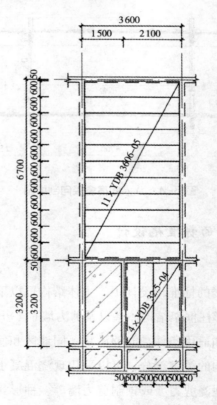

图 5-5　八人间宿舍的结构布置

表5-1　八人间宿舍的构件统计

编号	型号	数量
①	YDB 3606-05	11
②	YDB 3205-04	4
合计	—	15

（四）内装标准化设计

宿舍内装系统可按标准配置设计，如表 5-2 所示。

表5-2　宿舍标准配置

分类	吊顶	地面	墙面
标准配置	居室内及阳台采用原始顶面刷涂料，卫生间采用装配式吊顶	干式工法楼地面	涂料

宿舍卫生间应采用集成卫生间，具体的内装部品模数参照教学楼的相关规定执行。

二、宿舍楼附设空间的标准化设计

为了进一步提升学生的居住体验，学校可以在宿舍主体之外修建附设空间，其中可以包含浴室、洗衣房和公共活动室等附加设施。

（一）浴室

中小学宿舍的浴室是学生进行洗浴活动的主要场所，有效的空间规划不仅能解决高峰时段的拥挤问题，还能保证学生的隐私和舒适度。浴室空间的规划需要以宿舍内学生的人数为主要参考量，划分出足量的淋浴间、更衣区和干燥区。淋浴间的数量必须足以应对学生的高峰使用时段，避免因等待造成不便；淋浴间的布局应分散合理，避免过度集中于某一区域；每个淋浴间需要有足够的空间，以便学生在使用时不会感到过于狭窄；淋浴间内部的隐私是浴室设计的另一个重要考虑因素，应使用不透明的隔断和门，以确保每个使用者的隐私得到保护，隔断材料的选择应同时兼顾隐私保护、耐用性和清洁便利性。更衣区应提供足够的空间和储物设施（如储物柜和衣架），以便学生能够安全地存放衣物和个人物品。干燥区则应位于淋浴区附近，方便学生在洗浴后快速干燥和更衣。整个浴室从更衣区到淋浴区再到干燥区的合理安排应采用流线设计，这种布局可以减少学生在各个区域间的移动距离，提高使用效率，同时减少交叉感染的风险。例如，设计师可以设计一个单向流线，使学生在进入浴室时首先到达更衣区，然后前往淋浴区，最后通过干燥区离开，这种布局不仅有助于维护秩序，还能提升整体的使用体验。

在中小学宿舍浴室的设计中，水温和水压的控制以及通风和排水系统的高效运作直接关系到学生洗浴的安全性、舒适度以及浴室的整体环境质量，所以需要高度注意。对浴室来讲，水温和水压的稳定与可调节性是确保一个舒适安全的洗浴环境的关键，稳定和可调节的热水控制系统能够保证学生在任何时候都能使用适宜温度的热水，这有助于避免烫伤或由于冷水过度刺激导致的不适。适当的水压不仅能够提供满意的洗浴体验，还能避免过高的水压导致的水溅和浪费。为了实现水温和水压的精准控制，设计师在设计和安装水管系统时需要进行精确的计算和调节，从而满足不同的使用需求。通风和排水系统是浴室设计中不可忽视的重要组成部分，关乎学生的使用舒适感。良好的通风系统能有效排出湿气和异味，保持浴室内空气的干燥和清新，这有助于抑制霉菌的生长，维持良好的卫生条件。因此，设计师在浴室设计中应考虑安装高效的排风扇或确保留有足够的自然通风口，以实现空气的持续流通。优质的排水系统可以确保排水迅速且高效，避免因排水不畅导致的积水问题。因此，排水管道的设计和安装应确保足够的坡度和畅通，防止积水和堵塞的发生。

中小学宿舍浴室的标准化设计不仅要考虑实用性，还要兼顾安全、美观、舒适以及环保节水等方面，打造一个高效、安全且舒适的浴室环境，提升学生的居住体验。在安全方面，防滑性能良好的地面材料是浴室设计的重点，因为湿滑的地面容易导致学生滑倒，所以选择具有良好抓地力的地面材料是必要的。浴室内的所有设施和装置（包括水管、储物柜和淋浴隔断等）由于需要长时间接触水，因此最好选用防水材料，以防止水汽侵蚀和霉菌生长。一个美观舒适的浴室环境可以帮助学生放松，提升洗浴体验，其中柔和而充足的照明不仅能提升空间的美感，还能确保学生在使用时的安全；温馨、放松的墙面装饰能够使浴室成为一个舒适的空间。随着人们环保和节水意识的增强，节水型淋浴头和自动关闭的水龙头成为标准化浴室设计的重要组成部分，这些节水设施通过限制水流量来减少水的使用，不仅有助于节约水资源，还能降低宿舍的运营成本，这样的设计可以使学生在享受舒适洗浴体验的同时，能培养他们的环保意识。

（二）洗衣房

对中小学宿舍的洗衣房来讲，一个合理设计的洗衣房不仅能提高学生的生活品质，还能确保洗衣过程的高效和顺畅，所以洗衣房的空间规划和布局的重要性不容忽视。洗衣房的空间规模需基于宿舍楼内的学生人数来确定，这意味着洗衣房要根据学生的实际需要配置适量的洗衣机和烘干机，以避免在高峰时段出现过分拥挤和长时间的等待。合理的设备数量不仅能提高洗衣效率，还能减少学生之间因等待使用洗衣设施而产生的潜在冲突。洗衣房的布局需要注重实用性和便利性，洗衣机和烘干机的摆放位置应便于学生使用，确保学生在使用洗衣设施时能轻松地存取衣物，减少拥挤和混乱，同时考虑后期维修和维护的便利性。洗衣房内应提供足够的空间用于衣物的分类和分拣，这不仅有助于保持洗衣房的整洁，也能使学生更有效地管理和处理他们的衣物。

中小学宿舍洗衣房高效、安全运行的关键离不开清晰的指示标识和使用说明，它们对于引导学生正确、安全地使用洗衣设备起着决定性作用。明确的指示标识和使用说明不仅有助于防止学生操作错误，使学生更自信地使用洗衣房，同时有助于减少设备故障，延长设备的使用寿命，显著提高洗衣房的使用效率。常见的指示标识包括洗衣机和烘干机的操作步骤、注意事项以及常见问题的解决方法，洗衣剂和柔顺剂的使用说明也属于清晰标注的内容，可以有效避免过量使用或错误使用导致的问题。洗衣房中所有的设备和材料都应以安全为首要考虑因素，洗衣机和烘干机应配备必要的安全措施（如自动关机功能和过热保护），以防止设备故障造成的安全隐患；地面材料应采用防滑、耐水和易于清洁的材料，以减少湿滑导致的滑倒和跌倒事故，这种材料不仅能保证使用者的安全，还便于日常的清洁维护，保持洗衣房的整洁和卫生。

洗衣房中经常会弥漫着湿润和洗涤剂的气味，如果不通过有效的排风系统排出，可能会造成不适，甚至出现健康问题。由此可见，良好的通风对于维持洗衣房内的空气质量至关重要，因此洗衣房设计中应包括高效的排风系统，以确保湿气和气味能被及时且彻底地排出。高效的排风系统不仅有助于维持室内空气质量，还能减少墙壁和设备的湿气侵蚀，延长室内设施的使用寿命。与排风系统同等重要的还有排水系统，排水系统应能够迅速而有效地处理大量用水，防止积水和水患的发生，这不仅关乎卫生和清洁，更是安全性的基本要求。因此，排水管道应足够宽大，以避免堵塞，且应定期进行清理和维护，以保持良好的运作状态。

随着可持续发展意识深入人心，节能理念和环保理念也是现代洗衣房设计的重要考量，这可以通过采用节能型洗衣机和烘干机实现，同时通过设置清洁剂分配系统、提供环保洗涤剂或者鼓励学生采取更加环保的洗衣方式，减少化学物质的排放，激发并培养学生的环保意识。

（三）公共活动室

中小学宿舍的公共活动室在设计时需要重点考虑空间规模和多功能性，以满足不同学生群体的需求。设计师应根据宿舍楼内的学生人数合理规划活动室的大小应，确保活动室在任何时候都能容纳学生进行各种活动，如学习、社交以及娱乐。因此，公共活动室在具体设计上应具备满足不同活动需求的能力，这种灵活的空间对促进学生的社交互动、提供一个多元化的学习环境至关重要。例如，室内可以配置可移动的家具（如轻便的椅子和桌子），这些家具可以根据需要轻松排列，从而满足小组讨论、学习会议或临时集体活动的需求。考虑到学生的学习需求，活动室内可以设置一个小型图书角或学习区域，并配备书架和阅读材料，鼓励学生在课余时间进行自主学习。公共活动室还应考虑集成多媒体设施（如投影仪、音响系统和屏幕），用于教育目的或娱乐活动（如电影放映或视频演示）。学生在活动室开展活动的过程中，合适的灯光不仅可以营造不同的氛围，还能满足不同活动的光照需求，有助于活动的顺利开展，所以可调节的灯光系统也是设计中重要的考虑因素。例如，学习或阅读时需要明亮的光线，而观看电影或进行放松活动时可能需要柔和的照明。为了提高空间的利用效率，活动室的设计还应考虑储物问题，可以设置足够多的储物柜或架子，用于存放活动用具、学习材料和其他必需品，这有助于保持空间的整洁和有序。

公共活动室作为中小学宿舍中的重要组成部分，除了要考虑学生的学习需求，还应综合考虑学生的娱乐需求。为了满足这些需求，活动室应配备一系列适当的设施和技术支持，这些设施和技术不仅能提供多样的放松和娱乐选择，还能为学生的娱乐和个人发展创造条件。例如，电视和音响系统可用于播放教育视频、电影或音乐，为学生提供放松的媒介；桌球或乒乓球桌等体育娱乐设施不仅能丰富学生的课余生活，还有助于提高他们的身体素质和团队合作能力。公共活动室还应具备高速的 Wi-Fi 连接，以便学生可以使用个人设备进行娱乐。

为了充分发挥中小学宿舍公共活动室的作用，其设计应重点强调舒适性和安全性，同时通过装饰和美化创造一个鼓舞人心的环境，在满足学生基本的功能性需求之外，为他们提供一个愉快的社交和休闲空间。舒适的座椅有助于学生长时间愉快地使用公共空间，所以座椅应选择符合人体工程学的设计，既舒适又支持身体，同时具备灵活性，以适应不同体型的学生。在装饰和美化方面，公共活动室的设计应创造一个活泼和积极的氛围，激发学生的创造力和活力。例如，墙面可以装饰色彩鲜明的艺术作品或鼓舞人心的引语，墙面绘画或壁画也是一种很好的选择，可以为房间增添个性和活力；柔和而充足的照明能营造放松的氛围，温暖的色调可以让空间显得更加温馨；植物的引入可以为室内带来自然元素，创造一个更加宜人和轻松的环境；良好的通风系统可以确保空气新鲜，减少尘埃和异味，为学生提供一个健康的环境；温度控制系统能够根据不同季节调节室内温度，确保全年都有一个舒适的环境。公共活动室内可以设置展示区域，用于展示学生的艺术作品或成果，进一步增强空间的吸引力和参与感。

第二节　装配式中小学宿舍楼立面标准化设计

一、中小学宿舍楼外墙的标准化设计

（一）宿舍楼外墙的建筑风格和美学设计

1. 外墙风格

在中小学宿舍楼立面的标准化设计中，外墙风格可以体现宿舍楼的美学价值,对于创造一个和谐、有利于学习和生活的环境起着决定性作用。当学校拥有悠久的历史时,宿舍楼的设计可以巧妙地融合传统与现代元素,创造出既能展现历史韵味又不失现代感的建筑风格,这种设计手法不仅尊重并保留了学校的历史文化遗产,同时展示了向现代化迈进的步伐。例如,宿舍楼可以采用传统的屋顶形式(如瓦顶或斜屋顶),以此呼应历史悠久的校园建筑,同时结合现代的建筑材料和技术,使用轻质且耐用的金属材料或现代的玻璃结构,这不仅能提升建筑的功能性和耐久性,还能增添一种现代建筑的简洁和流畅感。

中小学宿舍楼的外墙设计还需要密切注意宿舍楼与周围环境的和谐融合,换言之,宿舍楼的风格不仅要与校园的整体风格协调一致,还要考虑到校园所处的自然和城市环境。在自然环境丰富的地区,宿舍楼的设计应更多地使用自然材料,如木材或石材,这些材料不仅环保,而且能够与周围的自然环境产生共鸣,创造出一种自然与建筑和谐共存的景象。而在城市环境中,宿舍楼的设计应更多地考虑与周围建筑的协调和城市景观的融入,可以采用现代的设计语言和材料,创造出既有个性又不失和谐的外观。

2. 颜色选择

在中小学宿舍楼外墙的标准化设计中,颜色选择的重要性不容忽视,因为颜色不仅能影响建筑的外观,还能对居住其中的学生的情绪和行为产生深刻影响。正确的颜色选择能够创造一个有利于学习和生活的环境,激发学生的积极性和创造力,同时能提高他们的舒适感和满意度。温暖的色调(如黄色和橙色等)能够创造一个充满活力和欢乐的氛围,使学生感到受到激励和鼓舞,还能在视觉上使建筑显得更加亲切和吸引人,尤其是在天气阴沉或在冬季时,这些温暖的色彩能够带来阳光般的感觉。冷色调(如蓝色和绿色等)则能给人带来宁静的感觉,有助于减少学生的焦虑和压力,打造一个有利于放松和恢复精力的环境,特别是在紧张的学习和考试期间,这些颜色能够帮助学生保持冷静,提高他们的注意力和学习效率。

除了颜色的心理影响,设计师在设计外墙颜色时还要考虑建筑与周围环境的和谐。例如,在一个充满自然景观的校园中,使用与自然环境相融合的色彩(如各种绿色或土色)可以使建筑与周围环境和谐统一;而在更现代化或城市化的校园环境中,外墙颜色可以选择更鲜明的色彩,以展示学校的现代感和活力。

3.材料选择

在中小学宿舍楼外墙的标准化设计中，材料的选择对于建筑的功能性、美观性和环境适应性至关重要，合理的材料选择不仅能提升建筑的耐久性和维护便利性，还能优化建筑的能效和舒适度，提供对当地气候条件和环境的适应性。宿舍楼不仅是学生的居住空间，也是他们日常学习和生活的重要组成部分，使用恰当的材料对于创造一个安全、舒适和激励的学习环境非常关键。

外墙材料最基本的性能是耐用性和易维护性，以便抵抗恶劣的天气条件（如强风、雨雪和极端温度变化），延长使用寿命，减少日常维护的工作量和成本。常见的材料有耐候钢、高品质木材或某些先进的复合材料。耐候钢是宿舍楼外墙设计中的一个理想选择，它具有出色的耐久性和低维护需求，能够有效地抵抗恶劣的天气条件，在强风、暴雨和极端温度变化下仍然能保持外观和结构的完整性。耐候钢材料可以降低后续的维护成本，同时赋予建筑一种现代和精致的外观，有助于提升整个校园的形象。高品质木材的天然纹理和色彩能够给学生带来亲近自然的体验，为宿舍楼提供一种温暖和自然的感觉，这对于创造一个舒适且鼓舞人心的学习环境以及提升学生的心理健康和幸福感是非常有益的。高品质的木材拥有更长的寿命和更好的耐久性，能减少对资源的长期需求，降低对环境的影响。在可持续发展理念深入人心的今天，使用可持续和环保材料越来越受到重视。例如，使用可再生木材、竹材或可回收的建筑材料不仅能减少对环境的影响，还能展示学校对可持续发展和环境保护的承诺，为学生提供实际的学习和教育案例，提高他们对环境保护的意识和责任感。

外墙材料的选择除了要考虑基本的耐用性，还要考虑优质的保温和隔热性能。外墙材料是提高能源效率和室内舒适性的关键，这些材料能有效地减少外部温度的影响，降低用于加热或制冷的能源消耗。例如，使用高效的保温材料或双层隔热玻璃窗户可以显著减少热量的流失，在冬季能够保持室内温暖，在夏季能够阻隔外部热量的进入，这种设计不仅能降低能源消耗，还能为学生提供一个更加舒适的学习和生活环境。不同材料的颜色和纹理对光线的反射和吸收有不同的效果，所以选择适合当地光照条件的材料颜色和纹理也能实现保温和隔热。例如，在阳光强烈的地区，浅色调的外墙材料能有效反射阳光，减少热量的吸收，从而保持建筑内部的凉爽；在较冷的地区，深色调的材料则有助于吸收更多的热量，提高室内的温度。

4. 寓教于乐

宿舍楼不仅是一个住宿的地方，也是学生学习和成长的地方，在中小学宿舍楼外墙的标准化设计中使用寓教于乐的设计（即巧妙地将历史、文化和教育元素融入建筑设计中），不仅能丰富建筑的美学价值，还能为学生提供一个独特的学习和探索环境。宿舍楼的墙壁可以装饰反映学校历史的壁画或者展示一系列校友的成就和贡献，这些都能激发学生对学校历史和文化的兴趣和尊重，让学生感受到自己是学校悠久历史和文化传统的一部分。学校也可以将雕塑或其他艺术装置安装在宿舍楼外墙上，用来讲述学校的故事或者表现校园的核心价值观和精神，这不仅能增强学校环境的美学吸引力，还能激励学生更加积极地参与到学校文化中去。教育性景观的创造也是一种宿舍楼外墙设计寓教于乐的有效方法，具体做法是在宿舍楼外墙上绘制教育性的元素（如植物园或科学主题），为学生提供与自然和科学接触的机会，同时增添建筑的美感。

5. 可持续性

在当今社会，可持续性已成为建筑设计中的关键考量，在中小学宿舍楼外墙的标准化设计中，引入绿色建筑元素、优化自然光与通风不仅能使宿舍楼成为能源效率高的建筑，还能成为学生了解和实践环保理念的生动课堂。

应用绿色建筑设计能够使宿舍楼成为一个生态友好的空间，从设计、建造到运营的各个阶段都体现出可持续发展意识。例如，使用高效的建筑材料和节能技术不仅能降低建筑的能源消耗，还有助于减少对自然资源的依赖；使用被动能源策略能充分利用自然光、自然通风，从而减少对人工照明、空调和加热设施的依赖；合理的窗户设计和建筑朝向能最大化自然光的利用，优化建筑的隔热性能，减少能源消耗；安装绿色屋顶不仅能提供额外的隔热层，减少建筑内部的能量需求，还能增加生物多样性，为学生提供亲近自然的机会；太阳能板的安装能够实现可再生能源的高效利用，减少对传统能源的依赖，同时向学生展示清洁能源技术的实际应用；雨水回收系统的安装不仅能节约水资源，减少对市政供水的依赖，还可以作为教育学生保护水资源的实际案例。

通过这些设计策略，宿舍楼能够成为一个节能高效的空间，成为传递环保理念和可持续发展理念的实践场所，不仅能对环境产生积极影响，还能为学生提供学习和实践环保知识的机会，有助于培养他们作为未来环境保护者的责任感和能力，使学生在学习知识的同时学会如何为创建可持续发展的未来作出贡献。

（二）中小学宿舍楼外墙的结构安全与防灾设计

中小学宿舍楼外墙的结构安全和防护设计涉及多个方面，以确保建筑在面对各种自然和人为因素时的稳定性和安全性。

1. 抗震设计

中小学宿舍楼外墙的抗震设计是一个复杂且至关重要的任务，它直接决定着整个宿舍楼的安全。因此，整个建筑的设计必须严格遵守国家或地区的抗震建筑标准，从建筑的初始概念设计到后续的施工和材料选择再到最终的维护管理，每一个环节都必须满足抗震性能的要求。

宿舍楼的抗震设计首先要考虑的是地基的强化，这一点可以通过在地基施工中采用抗震加固技术（如加深或加宽基础、使用特殊材料增强地基稳定性）等方式来实现，确保地基能够承受地震带来的压力和震动。然后需要考虑的是增强整体建筑结构的稳定性，使用剪力墙或交叉钢筋、钢框架等横向支撑结构可以在地震中有效分散震动力，减少建筑的摇摆和位移；也可以设计有效的能量吸收系统（如基础隔震器或减震支座），以减轻地震波对建筑的直接冲击。这些先进的抗震设计可以使建筑在地震发生时减少摇晃，类似在地面上"浮动"，从而大大降低因震动造成的损害，维持建筑在强震中的完整性。为了保证整个建筑结构的稳定，设计师还可以采用模块化和柔性设计理念，使建筑的各个部分在地震中相对独立运动，从而减少对整体结构的损害。设计师还需考虑不同部分的重量和刚度分布，以优化整个建筑的抗震性能。

除了建筑结构方面的设计，设计师还需注意细节设计，使建筑所有的连接部件和装配件都具有足够的抗震性能，以防止在地震中脱落或损坏，门窗、管道和其他设施的安装也需要考虑地震带来的可能位移和冲击，使用灵活的连接方式以提高在地震中的稳定性。

2. 防风设计

中小学宿舍楼外墙需要经常面对强风的挑战，所以外墙的标准化设计必须重点考虑风力防护措施，以确保建筑在面对强风时能够保持稳定性和完整性。风力防护设计的核心在于确保外墙和屋顶结构能够承受高强度风力的冲击，并采用加固措施来维护建筑的安全。

宿舍楼的外墙和屋顶结构必须使用经过特别设计和测试，能够抵御强风的材料和构造，如使用加强的钢材、混凝土或经过加固处理的木材，采用风力影响较小形状的屋顶（如低矮并带有足够倾斜角度的设计），以减少风力对屋顶的直接冲击。建筑物的朝向和布局应尽量减小风力对主要结构的直接冲击，在必要时，可以设置防风障壁或利用周围的自然地形作为风障，减少风对建筑的直接作用。宿舍楼所有连接件（包括梁、柱和墙体）之间的连接都应使用加固的螺栓、钢筋或其他固定装置，以确保在强风中建筑的各部分能紧密结合，避免结构因风力过大而松动或损坏。窗户和门等开口部分应使用加厚的玻璃和坚固的框架，以防止强风直接冲击导致破损。

3. 防水设计

在设计宿舍楼的外墙结构时，设计师需要选择耐水性强的建筑材料，如防水混凝土、防水砖或特殊的防水涂料。外墙的接缝和开口部分（如窗户和门的周围）应使用高质量的密封材料以防止水分渗透。在可能的情况下，外墙还应设计防水屏障，特别是在地面层和地下室区域，以防止地表水的侵入，提高建筑的防水等级。在防水的同时，外墙还要设计有效的排水系统，包括在建筑周围安装足够容量的排水沟和排水管道，以确保在暴雨期间能迅速排除积水。考虑到极端天气事件的影响，排水系统的设计应有足够的冗余和弹性，以应对比平均水平更高的降水量，确保排水系统能够将水迅速引导到安全的排放区域，减少对建筑和周边环境的影响。

4. 耐火设计

耐火设计是中小学宿舍楼设计中的一个关键方面，其目的是减缓火势的蔓延，保护学生和教职工的安全，并尽可能地减少火灾造成的损害，在提高建筑的安全性和减少火灾风险方面有着不可忽视的重要作用。

提高宿舍楼耐火性能最基本的策略是选用耐火材料建造外墙，如防火砖、特殊处理的木材、耐火混凝土或金属板材料等，这些材料能够在一定时间内抵抗高温，减缓火势的蔓延速度，为消防救援和人员疏散争取宝贵时间。这里需要注意，在选择耐火材料时，设计师不仅要考虑材料的耐火等级，还要考虑它们与建筑整体设计的协调性。

5. 窗户和门的安全设计

在中小学宿舍楼外墙的设计中，窗户和门的安全设计不仅可以防止意外伤害和火灾安全，还可以确保在紧急情况下进行快速疏散。窗户应使用坚固的框架和防破碎的玻璃，防破碎玻璃在受到强烈冲击时不会碎成尖锐的碎片，而是会形成网状裂纹，可以大大降低伤害风险，有效防止由于意外碰撞或极端天气条件（如风暴或台风）导致的玻璃破裂和碎片飞溅对学生造成的伤害。窗户的设计还应考虑适当的开启方式，确保在紧急情况下（如火灾时），学生可以使用窗户作为逃生通道。

对于门的设计而言，防火性能是一个重要的考虑因素，所以门应被设计为防火门，特别是连接走廊和逃生通道的门。防火门不仅可以阻止火势蔓延，还可以为人员疏散争取更多时间。在材料选择上，防火门通常采用金属或特殊处理的木材，这些材料在火灾中能够保持一定时间的稳定性和完整性。门的开启机制也需要特别关注，以确保在紧急情况下门能够被快速且容易地打开，可以采用防恐慌锁或易推式门把手，确保即使在恐慌状态下也能迅速开启。此外，门作为人们经常出入的途径，其设计还应考虑防止意外夹伤，特别是在儿童频繁活动的区域。

在窗户和门的设计中，设计师还需考虑搭配适当的安全标志和指示，如在门上标明逃生路线和紧急出口标志，在窗户附近明确标记哪些窗户可以作为紧急逃生通道。

6. 监控与安全系统

在中小学宿舍楼外墙的设计中，外墙安全系统的配置是确保学生安全的关键部分，系统包括外部监控摄像头、紧急报警系统、防火警报器和烟雾探测器以及适当的照明设备，它们共同构成了一个全面的安全防护网络。其中，安装在宿舍楼外墙上的外部监控摄像头至关重要，这些摄像头覆盖了建筑的主要入口、出口和窗户等关键区域，可以实时监控校园周边的活动，有效监测未经授权的人员进入或可疑活动，及时发现潜在的安全威胁，从而提前采取预防措施。通常情况下，监控摄像头与学校的安全中心相连，便于安全人员能够实时监控校园的安全状况，并在需要时迅速作出反应。

在宿舍楼的外墙上装设的紧急报警按钮或报警器可以在紧急情况下迅速通知安全人员或相关机构，一旦发现火灾或其他紧急情况，学生或教职员工可以立即使用这些报警装置联系专业机构，确保快速获得援助。这些系统通常与学校的安全中心或当地的紧急服务部门直接连接，以保证在发生紧急情况时能够得到迅速响应。安装在宿舍楼外墙上的防火警报器和烟雾探测器在预防火灾方面发挥着至关重要的作用，这些设备可以及时检测并报警火灾和烟雾情况，在火灾初期阶段发出警报，为人员疏散和控制火情提供宝贵时间。安装在宿舍楼外墙的照明系统是安全系统最重要的组成部分，它覆盖了宿舍楼的周边区域，特别是入口、出口和紧急逃生路线，不仅能在晚上或低光照条件下为学生提供安全的环境，还有助于防止犯罪活动。

二、宿舍楼内隔墙的标准化设计

（一）材料选择

中小学宿舍楼的内隔墙设计在材料选择和应用方面需要细致考量，以确保墙体的功能性和耐用性，在提升室内环境舒适度的同时，保证建筑的整体安全和效能。

1. 轻质与高强度

中小学宿舍楼的内隔墙材料在选择上需要综合考虑轻质与高强度，这类材料可以作为建筑结构发挥支撑作用，也可作为装饰材料发挥美化作用，常见的轻质、高强度材料有石膏板、轻质混凝土板以及木质夹板。

石膏板是比较常见的内隔墙材料，具备多种优点。例如，石膏板具有良好的隔声性能，能有效减少宿舍间的声音传播，为学生提供一个安静的学习和休息环境；石膏板的表面光滑平整，易于涂刷或贴墙纸，能够提供丰富的装饰可能性，从而创造出既实用又美观的室内空间；石膏板的轻质特性使石膏板在安装过程中的搬运和定位更加方便，能够大大提高施工效率。

轻质混凝土板不仅具有轻质的优点，还具备更高的强度和耐久性，适用于承受较大负荷的结构部位。轻质混凝土板的防火性能和隔热性能也较好，可以在为宿舍楼提供额外安全保障的同时保持室内温度的稳定，提高能源效率。

木材作为一种传统的建筑材料，以其天然的纹理和温暖的色泽受到广泛欢迎，以木材为基础得出的木质夹板不仅轻便、易于加工，而且可以通过不同的饰面处理适应各种室内装饰风格，为宿舍楼的内隔墙增添自然的温馨感。而且，选择可再生的木材或经过环保认证的木质夹板，可以进一步提升宿舍楼的可持续性和环保标准。

2. 隔声与防火

在中小学宿舍楼内隔墙的标准化设计中，隔声效果和防火效果的优化是至关重要的，尤其对于不同宿舍之间、活动区域与宿舍之间、卫生间与宿舍之间。优化隔声效果不仅可以提升学生学习和工作的效率，还有助于保持学生的精神健康，促进更好的睡眠质量；而优化防火效果能够有效阻止火势的蔓延，为撤离和灭火争取宝贵的时间。

提高隔声效果的关键在于使用特殊的隔声材料，常见的隔声材料有隔声棉和隔声板。隔声棉主要通过吸收声波来减少噪声的传播，它可以被安装在墙体内部或者天花板上，有效降低从相邻房间或外界传入的声音，因此设计师在设计时，可以考虑在墙体结构中添加额外的隔声棉层，特别是在墙体与噪声源（如机械设备室）相邻的情况下。隔声板是另一种有效的隔声材料，通常由多层不同密度和材质的板材组成，这种结构能有效地隔断和吸收声音，不仅可以应用在墙体上，也可以用于地面和天花板上，从而进一步提高整个房间的隔声效果。设计师还可以考虑使用特殊设计的隔声石膏板，它们不仅具有良好的隔声效果，还能提供平滑的表面，便于后期的装饰处理。门窗的隔声设计也非常重要，使用双层玻璃或专门的隔声窗户可以有效减少从窗户传入的噪声；使用厚重的材料制作门并确保门框与墙体之间密封良好，可以降低声音传递。

内隔墙的防火性能主要依靠材料的选择，在电气设备室、宿舍区、活动区等区域使用具有高防火等级的材料是必要的，这些材料在遇到火情时能够在一定时间内抵抗火焰的蔓延，还能够减少烟雾的生成。通过特殊处理的防火木材也是一种好的选择，它在火灾中可以表现出良好的阻燃性能。直接涂覆在墙体表面的防火涂料也是提升内隔墙防火性能的有效手段，这些涂料可以形成保护层并在高温下膨胀,从而隔离热源,延缓火势的蔓延。

3.易于安装和维护

中小学宿舍楼的内隔墙设计应充分考虑未来维护和更换的便利性,使用标准化尺寸的材料是实现这一目标的有效方法。标准化的材料尺寸意味着材料在安装过程中可以快速、准确地配合,大幅减少施工时间和成本。当需要进行维修或更换时,标准化的部件可以轻松找到适配的替换部件,不需要进行大量的定制工作,使工作更加高效。鉴于宿舍楼内的活动频繁,内隔墙材料的选择应注重耐磨损和易于清洁的特性,如使用高压层压板或耐磨漆等具有耐磨表面的材料不仅可以承受日常使用中的磨损,还能保持墙体表面的美观和完整。

内隔墙的电气和通信线路布局也需要充分考虑,设计师在设计时应确保线路容易接入和维护,这一点可以通过使用可拆卸的墙板或预留足够的管道空间来实现,方便未来的升级或维修。

(二)灵活性和可调整性

1.可移动或可折叠的隔墙系统

在中小学宿舍楼内隔墙的标准化设计中,引入可移动或可折叠的隔墙系统是一种创新和实用的解决方案,这些系统的设计允许宿舍楼的内部空间根据不同的需求和活动进行快速的重新配置,能够极大地提升空间的灵活性和多功能性,从而满足学校日益变化和多样化的使用需求。

在宿舍楼中应用可移动或可折叠的隔墙系统可以改变室内空间布局,如利用隔墙将一个大空间划分成多个小型学习区域,为学生提供专注和安静的学习环境;当学生想要举办集会、演讲、展览或其他特殊事件时,这些隔墙可以被快速折叠或移动,将多个小空间合并成一个大型的开放空间,以容纳更多的人员和活动。这种灵活的空间布局不仅能提高宿舍楼的空间利用率,还能为学生在宿舍举办各种教育和社交活动提供更多的可能性。更重要的是,可移动或可折叠的隔墙系统可以在遇到紧急情况下迅速打开,为疏散和应急响应提供便利。为了保证系统的快速移动或折叠,隔墙系统通常采用轻质、易于操作且耐用的材料,这些材料可以在保证隔墙移动和折叠操作便捷性的基础上,确保隔墙在使用过程中的稳定性和安全性。为了避免突兀,这些系统的设计还要兼顾美观和实用性，要与宿舍楼的整体设计和风格协调一致。

2. 多功能空间创造

在中小学宿舍楼的设计中，创造多功能空间可以同时满足学生在宿舍的日常生活和学习需求。换言之，宿舍楼空间内可以根据不同的需要使用内隔墙轻松划定多个用途空间，这些空间可以在一定程度上进行扩大和缩小，甚至进行空间转换，极大地提高空间的使用效率和适应性。例如，宿舍楼在白天可以作为学习区域，为学生提供一个安静、专注的学习环境；而在晚上或周末时可经过内隔墙的重新布置或撤除转换成休闲娱乐区，供学生进行社交活动或放松休闲。这种灵活转换的能力使宿舍楼可以充分利用其空间，既能满足学生学习的需要，又能提供丰富的休闲和社交选择。

在进行多功能空间的设计过程中，设计师还应考虑到室内环境的舒适性和实用性。在作为学习区域使用时，宿舍楼应有足够的照明和安静的环境，可以通过调整或开放某些隔墙增加自然光的渗透，减少对人工照明的依赖，同时有助于空气的流通；而在转换为休闲娱乐区时，宿舍楼可能不需要那么多的自然光，可以轻松地关闭或重新布置隔墙，同时配置舒适的座椅和适宜的娱乐设施，以满足不同的使用需求。想要实现上述目标，设计师就需要在规划空间时就考虑到这些不同需求下的布局和设施配置，全面考虑整体空间的布局和流线，确保在任何可能的隔墙配置下都能保持良好的空间流通和功能性布局。例如，学习区域、休息区和活动区应互相独立又互相连接，确保在变换空间功能时，各个区域仍能保持其独特的用途，而不会互相干扰。

第三节 装配式中小学宿舍楼室内标准化设计

一、宿舍空间的标准化设计

（一）床位区域

在中小学宿舍房间的设计中，床位区域的规划至关重要，它不仅需要考虑空间的有效利用，还要确保为学生提供一个安全、舒适的休息环境。双层床的设计在这里扮演着核心角色，它可通过垂直空间的利用，显著提升房间的容纳能力，同时有效节约宝贵的地面空间。这种床的设计通常包括固定的梯子或台阶，以确保学生在使用时的安全性。然而，在共享的宿舍环境中，个人隐私也是一个不可忽视的因素，设计师可通过在双层床之间以及床与房间其他部分之间设置窗帘或隔板，为学生提供一定程度的私人空间，既能保证每个学生都拥有自己的私人领域，又不妨碍宿舍整体的开放感和交流空间。床位的排列不仅能体现有效的空间利用，还能表现出床位的多功能设计。在双层床的设计中，设计师可以集成一些存储空间（如小型柜子、抽屉或架子），用于学生存放书籍、学习材料或个人物品。这些存储空间的设计不仅能节省空间，还能使学生更好地管理和整理自己的物品，从而维持宿舍的整洁和有序。床位的舒适度也是设计时的一个关键考量点，床垫的选择对于保证学生有良好的睡眠质量至关重要，而良好的睡眠有助于学生的身体健康，保证其日间的学习效率，所以床垫既要提供足够的支撑，又要保证舒适度。除此之外，考虑到学生的学习和日常生活需求，每个床位还要配备适当的照明设施和电源插座（如小台灯或壁灯），使学生能够在床上进行阅读或学习，床边的电源插座能够方便学生为手机充电或使用其他电子设备。

（二）学习区

在中小学宿舍房间中，学习区通常位于房间的一侧，并配备适量的桌椅，旨在为学生提供一个集中而舒适的学习环境。学习区不仅是学生学习和完成作业的场所，也是促进学生之间互动和合作学习的空间，所以这一区域的设置同样至关重要。

学习区的设计首先要考虑的是足够的空间，以便于容纳桌椅和学生。桌子的大小应能够满足学生放置书籍、电脑和其他学习用品的需求，同时留有足够的空间进行书写和阅读。椅子的选择则应注重舒适性和支撑性，因为学生可能需要在这些椅子上坐上几个小时进行学习或完成作业。除了个人学习空间，学习区的布局还应该鼓励学生之间的交流和合作，因此桌椅应该设计成可以灵活排列的，以便学生轻松地组成小组进行讨论或合作学习，这样的布局不仅能促进学术交流，还能增强学生之间的社交联系。

除了房间的主要照明，每个学习区还需要额外的灯具（如台灯或吊灯），以确保充足的光线，适当的光线对于保持学生的专注力和防止眼睛疲劳至关重要。考虑到学生可能需要使用电子设备，学习区应配备足够的电源插座，在方便学生接入的同时应避免电线杂乱无章地分布在地面上，造成安全隐患。在设计学习区时，设计师也可以在墙面上装饰一些励志标语或教育海报，激励学生努力学习和追求卓越。

（三）储物空间

在中小学宿舍房间的设计中，储物空间的规划至关重要，这些空间是学生整齐地存放衣物和个人用品的主要场所，但又不能占用过多的宿舍空间，因此合理的储物空间设计能够有效提升宿舍的整体功能性和舒适度。

储物空间通常包括衣柜和架子。衣柜的设计需要考虑足够的挂衣空间和层架，以满足不同类型衣物的存放需求，如长衣柜可以用于挂放制服或外套，带有分隔层的柜子则适合放置折叠衣物、书籍或其他学习用品，这样的设计不仅能方便学生整理和存取衣物，也有助于保持宿舍的整洁。架子则主要提供额外的用于放置书籍、学习材料、个人装饰物或日常必需品的存储空间，可以设计成开放式的架子，方便学生随时取用物品，同时鼓励他们保持物品的整齐和有序。为了最大限度地节省空间，衣柜和架子的设计可以结合宿舍的整体布局进行，衣柜可以嵌入墙壁或者与床位相结合，以减少所占空间；床下空间的利用也是提高存储效率的一个重要方面，可以通过安装抽屉或滑动箱来实现。为了提高宿舍的美观性和舒适感，储物空间的材质和颜色选择也很重要，使用具有温馨的颜色和质感的材料（如木质或淡色调）可以使宿舍环境更加温馨和宜人。

考虑到学生的隐私需求，柜子和抽屉通常配备锁具，使学生能够安全地存储贵重物品或私人物件，增强宿舍环境的安全感。

二、公共活动空间的标准化设计

宿舍楼室内公共活动空间的标准化布局与设计可以为学生提供一个既方便又舒适的环境，促进学生进行交流与互动，同时满足他们的日常需求。公共活动空间主要包括休息区、学习区和公共卫生区等。

（一）休息区

在中小学宿舍楼公共活动空间的标准化设计中，休息区是一个专门让学生放松和休闲的空间，这个区域的设计旨在创造一个舒适、宁静的环境，以便帮助学生从紧张的学习压力中解脱出来，同时方便学生进行社交和互动。

休息区的布局首先要解决的是空间问题。休息区要便于学生自由地移动和交流，同时不会干扰到其他宿舍区域的功能。休息区通常位于公共活动空间的角落或中心位置，因为这些区域既便于学生使用，又不妨碍对宿舍其他区域的访问。休息区通常会配备舒适的座椅和小桌，这些家具应该既符合人体工程学原则，又具有吸引人的外观，旨在提供一个轻松的社交和放松空间。座椅可以是沙发、懒人椅或者豆袋椅，它们的设计应该足够舒适，舒适的座椅不仅能让学生在长时间学习后放松身体，还能提供一个适合交流和休息的环境，让学生可以在其中阅读、聊天或放松。座椅的布置可以采用圆形或半圆形，鼓励开放式的对话和团体活动，促进学生之间的交流。小桌通常需要一个较大的平面，用于放置书籍、饮料或小点心，为学生提供一个方便储物的地方，使休息区成为一个完美的社交和休闲场所。

休息区还可以配备一些休闲娱乐设施，如书架、棋盘游戏、音乐播放设备、游戏机等，这样的设施不仅能为学生提供多种放松方式，还能鼓励他们在课余时间进行积极的社交互动，从而增强宿舍社区的凝聚力；而书架和阅读材料的设置能够为喜欢安静阅读的学生提供资源，同时营造良好的学习氛围。为了增强休息区的舒适感和放松氛围，休息区最好使用自然光线，同时搭配人工照明，设计师可将休息区设置在有大窗户或天窗的地方，方便引入自然光线，创造一个明亮、充满活力的空间，有助于提升学生的心情和健康。除了光线照明，设计师还可以使用温暖的色调和舒缓的装饰元素来布置这个空间，或者添加一些抱枕、地毯或装饰画，这样不仅能增添舒适度，创造一个宜人的氛围，还能反映宿舍的特色和文化，使学生感到更加舒适。这里需要注意，在布置家具和设施时，设计师应妥善处理电线和电缆的布局，以防止绊倒事故，同时避免潜在的安全隐患。

（二）学习区

在中小学宿舍楼公共活动空间的标准化设计中，学习区的规划是至关重要的，它不仅要满足学生的学习需求，还要为他们提供一个适宜的环境，以促进对知识的吸收。一个理想的学习区首先应配备足够数量的桌椅，以满足不同形式的学习需求。桌椅的设计应考虑人体工程学原则，确保学生在长时间学习时的舒适性。更重要的是，桌椅的布局要灵活，既适合个人学习，也便于小组讨论和团队合作，这一点可以通过可移动的桌椅来轻松调整布局，以适应不同的学习场景和活动。学习区还应提供必要的学习资源，包括各种书籍、杂志、参考资料，书架应整齐地排列，方便学生查找和借阅书籍。由于现代教育越来越依赖在线资源和数字学习工具，因此学习区应提供高速的互联网连接、足够的电源插座和稳定的 Wi-Fi 信号。

为了保证学生在学习区中充分发挥学习主动性和积极性，学习区不仅需要充足的照明，还要营造一个优良的学习氛围，充足的照明有助于减少视觉疲劳，提升学习效率，优良的学习氛围可以保证学习区的安静和秩序。充足的照明除了自然光线的最大化利用，还应该搭配适当的人工照明（如吸顶灯和可调节的台灯），这样的照明设计能确保整个学习区域光线均匀，从而满足学生个性化的照明需求。学习区的氛围应该是一个安静、无干扰的空间，确保学生能够专注于学习，这一点可以通过隔声材料和布局来实现，同时搭配规则的设置，创建和谐、静谧的学习氛围。此外，适当的绿植或壁画、温馨的色彩和艺术装饰可以增添生气，使学习区不仅是学术活动的中心，也是学生喜爱的空间。

（三）公共卫生区

在中小学宿舍楼公共活动空间的标准化设计中，公共卫生区作为基本的卫生设施，不仅要清洁卫生，还要考虑到隐私保护以及使用的便利性，其规划和管理是学生健康的关键影响因素。公共卫生区的清洁和卫生不仅关系到学生的身体健康，也影响着他们的生活质量。因此，公共卫生区的环境设计至关重要，应使用耐用且易于清洁的材料（如瓷砖和不锈钢），确保卫生区的卫生和耐用，同时搭配良好的通风系统，防止霉菌生长、保持空气清新。合理的照明分布可以确保学生在使用卫生设施时清楚地看见，防止出现滑倒和摔伤。此外，宿舍管理者应制订严格的清洁和维护计划，确保卫生区域能够得到定期的清洁和消毒。基于此，宿舍管理者应确保卫生设施的良好运行状态，对任何损坏或故障进行及时维修，以防止不便和潜在的健康风险。

对公共卫生区而言，除了卫生，还需要考虑的一点就是提供足够数量的、满足宿舍学生需求的淋浴间、洗手池和卫生间隔间，这些设施的数量应根据宿舍的容纳人数进行合理规划，以避免使用高峰时的拥挤和等待，其布局应考虑到使用的便利性和效率，如淋浴间应尽可能靠近更衣区，而洗手池应靠近卫生间。虽然是公共卫生区，但隐私保护的设计也是必不可少的，每个淋浴间和卫生间隔间应配备隔间门或遮挡帘，这些隔间门和帘子应设计得既方便使用，又能提供足够的遮挡，以确保个人空间不受侵犯，保障使用者的隐私。

除此之外，公共卫生区还应考虑到不同年龄和能力水平学生的具体需求，如低龄学生或有特殊需求的学生可能需要更加方便地使用卫生设施，包括较低的洗手池、特殊设计的卫生间和紧急呼叫系统。

三、宿舍楼室内其他空间的标准化设计

中小学宿舍楼室内除了宿舍空间和公共活动空间，还包括其他关键空间，它们的标准化设计对于保证学生的安全、健康和舒适至关重要。这些空间包括走廊和通道、管理办公区和紧急逃生路线等。

（一）走廊和通道

走廊和通道在中小学宿舍楼的规划中一直占据着至关重要的地位，它们不仅影响着学生日常使用的便利性，还是确保学生安全的关键因素。

通常情况下，走廊和通道建立在宿舍楼的中央或两侧，在日常使用中需要面临大量学生的同时出入。宽敞的走廊可以有效避免拥挤，标准的宿舍楼走廊宽度应该足以容纳高峰时段的学生流量，至少应为 1.2 m，以确保两个人可以在更换课程或日常活动中轻松地并排通过。走廊和通道的宽度除了要充分考虑学生的日常流动性，还要考虑疏散需求，在紧急情况下（如火灾或其他紧急疏散情况时），宽敞的通道可以显著提高学生的疏散效率，降低潜在的安全风险。总而言之，走廊和通道的设计应确保在任何时候都能保持畅通无阻，没有障碍物阻碍通行。

为了确保学生在经过走廊时的顺畅和安全，良好的照明条件是必不可少的。良好的照明有助于学生清楚地看到前方和周围的环境，减少在走廊中行走

时跌倒和碰撞的风险。所有的照明设施应均匀分布，避免出现明暗交替的区域。这里需要注意，走廊和通道应设置应急照明系统，在停电时可借助应急照明系统确保通道的可见性。走廊和通道内的指示标志也是一个不容忽视的方面，清晰的标志可以帮助学生和访客快速找到目的地或紧急出口。这些标志应放置在容易被看见的位置，并使用简洁明了的文字和符号。例如，卫生间、紧急出口、楼梯和电梯等区域的指示标志应明确指出方向。在设计这些标志时，设计师还应考虑到视觉上的包容性，应使用大字体和对色弱者友好的色彩。

走廊和通道的设计除了考虑功能性和安全性，还应考虑到美观性和舒适性，通过艺术装饰、植物摆设或特色墙面设计等元素，创造出更加愉悦和富有活力的空间，这样不仅能够提升走廊的美观度，还能够提升学生的校园体验。

（二）管理办公区

管理办公区不仅是宿舍管理人员日常工作的地点，也是学生在遇到宿舍相关问题时寻求帮助的首要场所，它在中小学宿舍楼中的设置是确保宿舍运行顺畅和维护学生福祉的关键。管理办公区的设计和配置需要充分考虑功能性、可访问性和紧急响应能力。

为了方便学生能够轻松找到并前往咨询或处理相关事务，管理办公区应设在宿舍楼最易于访问的位置（如门口大厅），办公区的位置应树立明显标识，确保即使是新入住的学生也能够轻松找到。管理办公区应配备必要的办公家具和设备（如办公桌、椅子、计算机、打印机和文件柜等），以支持管理人员的日常工作。办公区还应设有必要的通信设备，如电话、无线电和网络连接等，这些设备可以确保管理人员在紧急情况下快速响应，及时处理学生的紧急情况，与学校其他部门进行沟通并与家长取得联系。除了标准的办公设备，管理办公区还应考虑其他功能性的需求，如设立一个小型会议区域，用于开展学生宿舍会议或与家长、学生进行面对面交谈。考虑到工作人员的工作效率以及学生的隐私保护，这个空间应具有一定的私密性。此外，办公区内应有足够的存储空间，用于保存学生档案、宿舍管理文件和其他重要文档。

（三）紧急逃生路线

宿舍楼中设置紧急逃生路线的主要目的是在发生火灾、地震或其他紧急情况时，为学生和工作人员提供一个快速、安全的疏散路径，这一点对于保证学生的人身安全至关重要，其中确保紧急逃生路线的有效性和安全性是重中之重，逃生路线的所有设计、标识必须符合最高的安全标准。紧急逃生路线的通道必须始终保持畅通无阻，走廊、楼梯和出口区域不能有任何阻碍疏散的障碍物，因此宿舍管理者应定期检查这些区域，确保没有堆放物品或其他障碍，同时对紧急出口的门进行定期维护，确保它们在需要时能够被迅速且顺畅地打开。紧急逃生路线应在宿舍楼的各个层级使用醒目、易于理解的图标和文字进行明确标识，这些标识应指示最近的出口方向。为了确保在烟雾或电力中断的情况下仍然可见，逃生路线的标识应采用荧光或自发光材料制作。考虑到中小学学生的身高情况，紧急出口的设计应充分考虑可访问性，以适应不同能力水平的学生，同时要设置无障碍出口。

除了物理路径的设置，宿舍管理者还应定期组织消防演习和紧急疏散演练，以确保每位学生都能熟悉逃生路线和疏散程序。这些演练应模拟真实的紧急情况，教育学生如何迅速、有序地疏散，并学会在火灾等情况下如何采取自我保护措施。在进行演习时，宿舍管理者应强调保持冷静和遵循指示的重要性。学生应被教导在紧急情况下避免使用电梯，而是使用楼梯疏散。宿舍管理者应确保演习包括对不同情况的响应，如在不同时间段进行演习，以模拟可能在任何时候发生的紧急情况。宿舍楼应配备必要的紧急响应设备（如消防灭火器、烟雾探测器和消防喷淋系统），并对这些设备进行定期检查和维护，以确保在紧急情况下能够正常运作。

第六章 装配式中小学其他建筑标准化设计

第一节 装配式中小学行政楼标准化设计

一、中小学行政楼的部门划分

行政楼是学校日常行政管理和服务的中心，根据部门功能和使用目的主要分为以下几种类型。

（一）校长办公室

校长办公室是学校行政楼的核心区域，它不仅是校长个人办公的地点，还是学校管理活动的枢纽，是学校领导的工作和决策中心，它的设计和布局能够反映学校的管理风格和教育理念。

校长办公室中至少要包含个人办公室，它能为校长提供一个私密的工作环境，用于处理日常行政事务、制定学校政策、规划学校发展，这个空间通常配备办公桌、电脑和其他办公设备，同时设有适宜的家具，以确保工作的舒适性和效率。校长个人办公室的设计往往注重体现学校的特色和校长的个人风格，同时需要考虑到功能性和实用性。除了校长的个人办公室，校长办公室区域还包括一个小型的会议室，用于举办教师会议、家长会议和其他重要的学校活动，会议室的设计需要充分考虑空间的灵活性和多功能性，以满足不同规模和形式的会议需求，通常配备先进的音视频设备，以便进行高效的演示和交流。校长办公室还应包括相关的行政支持空间（如秘书工作区和文件存储区），这些区域能够为校长的日常工作提供必要的行政支持，帮助处理文书工作、协调日程安排、维护重要文件，这些空间的设计需要同时考虑工作效率和保密性。

（二）学生事务办公室

学生事务办公室是连接学生、教师和家长的枢纽，用于处理学生的日常事务并提供关键的支持服务。这个办公室的主要任务是确保学生的整体福祉和发展，它的工作内容涵盖了学生的出勤记录、健康和福利服务以及心理咨询等多个方面。

学生事务办公室通常由学生事务管理员、健康顾问和心理咨询师组成，这支专业的团队能够确保学生在校园内的安全、健康和幸福。学生出勤记录的管理不仅是一项行政任务，还是关注学生参与和福祉的重要环节，学生事务办公室通过监测出勤情况，可以及时识别并支持那些可能面临学术或个人挑战的学生。学生事务办公室需要为学生提供健康和福利服务，这主要通过急救和常见疾病的治疗来实现，能够推动健康饮食、开展体育活动、提高心理健康意识。在心理健康方面，学生事务办公室通过提供心理咨询和支持服务，能够帮助学生应对学习压力、社交问题和个人挑战。

学生事务办公室的工作还包括与家长的沟通和协调，可通过定期更新学生的学习情况，确保家长对学生的在校情况有充分的了解和参与，它还扮演着解决学生和家长疑问、处理紧急情况和促进家校合作的角色。

（三）行政服务区

行政服务区是学生和家长获取各类行政服务的主要场所，通常涵盖一系列关键的服务，包括学生注册、学费支付、证明文件处理等，这些服务对于学校的日常运营至关重要。行政服务区的设计和功能旨在提供高效、便捷的服务，以支持学生的教育经历和家长的参与。

学生注册是行政服务区的主要职责之一，服务内容包括新生入学的登记、信息更新以及每学期的课程注册，行政服务人员在此过程中负责收集和处理学生的个人资料和教育记录，确保所有信息的准确性和及时更新。为了提高效率，行政服务区需要配备现代化的信息管理系统，以便于快速处理和存储大量的学生数据。学费支付处理也是行政服务区的重要功能，服务内容包括提供学费的收缴服务以及财务咨询，从而帮助家长了解费用结构和支付选项。为了方便家长，行政服务区可以提供多种支付方式，包括在线支付和现场支付以及提供分期付款等灵活的支付计划。行政服务区还负责处理各类证明文件，如成绩单、出勤证明和毕业证书等，这些文件对于学生申请高级学校或参加各类活动是十分重要的，所以行政服务人员需确保这些文档的准确性和及时性，以满足学生和家长的需求。

为了提升服务质量，行政服务区的工作人员需要具备良好的职业素养和沟通能力，以便能够有效地回应和解决学生和家长提出的各种疑问和需求。服务区的物理布局应被设计得友好和便捷，以方便访问和使用。例如，明确的标识和指示牌可以帮助人们快速找到所需服务的位置，舒适的等候区域则能为等待中的家长和学生提供便利。

（四）设施管理办公室

设施管理办公室的工作不仅包括校园内物理设施的日常维护和清洁工作，还包括对校园设施的长期规划和升级，确保学校环境的整洁、安全和舒适，是学校日常运营的基石。

学校建筑包括教学楼、实验楼、图书馆、体育馆等，设施管理办公室需要对学校建筑进行日常的维护，确保它们处于良好的工作状态，主要工作内容包括定期检查建筑结构、电气系统和供暖通风系统的运行情况，以及进行必要的维修和更新。除了维护工作，设施管理办公室还需负责校园的清洁工作，不仅要保持教室、走廊和公共区域的清洁，还需要定期清理校园内的垃圾，保持校园环境的整洁和卫生。特别是在流感季节和其他公共卫生事件期间，加强清洁和消毒工作对于预防疾病的传播至关重要。

安全管理也是设施管理办公室的重要职责，涉及制定和执行校园安全政策，包括防火安全、紧急疏散计划和校园安全巡逻等。因此，设施管理办公室需与当地的消防部门和警察局密切合作，确保在紧急情况下能够迅速、有效地响应。随着教育技术的发展和学校需求的变化，设施管理办公室需制定和实施设施改进计划，以提升校园设施的功能性和效率。

（五）财务办公室

财务办公室负责处理学校的所有财务事务，确保学校财务的健康和透明。

作为学校运营的财务中枢，这个办公室的职责范围广泛，包括预算管理、会计记录、工资发放以及其他财务相关的任务。

财务办公室需要制定和管理学校的预算，包括为学校的各项教育和运营活动规划资金，确保资源的有效分配。预算制定过程中，财务办公室需与校长办公室和其他部门紧密合作，了解他们的需求和预期目标，以便制定一个合理的财务计划。财务办公室还负责监控预算的执行情况，确保各项支出符合预算规定，同时对任何预算偏差进行及时的调整和反馈。财务办公室还需要准确记录所有财务交易，包括收入、支出和资产变动等，这些记录对于保持财务透明度、进行财务分析和准备财务报表至关重要。为了保证会计记录的准确性和合规性，财务办公室通常采用先进的会计软件和系统，并遵循相应的会计准则。工资发放是财务办公室的另一项核心任务，包括处理教职员工的工资、奖金和福利发放，涉及工资计算、税款和保险扣除等环节。财务办公室还需处理与工资相关的查询和调整，确保员工对工资计算和发放流程保持信心。

除了这些日常任务，财务办公室还会参与学校的长期财务规划和投资决策，包括参与资本支出的规划、管理学校的基金和捐赠以及评估潜在的财务风险。通过这些活动，财务办公室能够为学校的可持续发展和未来投资提供支持。

（六）大会议室

大会议室是一个多功能空间，它不仅是教职员工进行正式会议和讨论的场所，也是促进校园内部交流、决策制定和专业发展的关键环境，在学校日常运营和管理中发挥着至关重要的作用。在这里，校长和管理团队可以召开会议，制定学校政策、规划学校发展、讨论日常运营事务；教师和工作人员可以在这里进行研讨会、工作坊和课程培训，分享最佳实践，学习新的教育技巧或接受专业指导；家长会、社区活动或者其他与外部相关的聚会可以在这里举办；学生领导团队、兴趣小组或其他学生组织可以使用会议室进行会议或策划活动。大会议室能够提供一个专业和集中的环境，有助于提高会议的效率和决策的质量。

二、中小学行政楼的标准化设计

（一）中小学行政楼的平面标准化设计

中小学行政楼的平面标准化设计的目标是确保行政楼能够满足学校日常管理、教职工工作以及学生服务的需求，同时保持灵活性以适应未来的变化。

1. 合理的空间分配

在中小学行政楼的标准化设计中，合理的空间分配能够确保不同功能区的有效运作和相互协调，每个功能区的位置和大小需根据使用频率和与其他区域的功能关联来综合规划。例如，校长办公室作为学校管理的核心，通常被置于一个容易访问且相对私密的位置，这样不仅能方便校长进行日常工作，也便于接待来访者和进行重要的会议；秘书处的位置和布局通常紧邻校长办公室，这样既便于提供行政支持与沟通，也便于监控进出人员，同时能为日常行政任务提供足够空间。其他办公室则需根据实际需求来设计，它们通常被设置在学校的中心位置，以便被家长和学生找到。例如，大会议室作为多功能空间，需要充分考虑灵活性和可达性，其位置应便于不同用户群体的访问，如教职工、家长和外来访客；接待区是学校对外的"门面"，通常位于入口处或显眼位置，应提供舒适的等候空间，反映学校的文化和氛围，创建一个友好和专业的第一印象；学生事务办公室作为处理学生事务和咨询的场所，应位于学生容易访问的位置，设计上需考虑保密性和服务效率；考虑到需要处理大量敏感信息和金融事务的性质，财务部门通常设在较为私密和安全的区域。

2. 灵活的会议空间

在中小学行政楼中，会议室会经常举办不同规模和类型的会议或活动，灵活的会议空间设计可以满足多样化的会议需求和活动需求，不仅能提高空间的使用效率，还能满足学校多变的需求。灵活的会议空间设计通常使用可移动的隔断或家具来实现，这种设计允许学校根据不同活动的特定需求快速配置空间，其中可折叠或轮式家具（如桌子和椅子）能够使重组布局变得简单快捷，为各种活动提供所需的灵活性。例如，对于大型教师会议或家长会来说，会议室可以通过打开隔断的方式创造一个宽敞的环境；而对于小型研讨会或团队讨论来说，会议室可以被分隔成更小、更私密的区域。

除了空间布局的灵活性，会议室的设计还应考虑技术支持的需求，因为会议需要配合各种高质量的音频和视频会议设备开展，如投影仪、屏幕、扬声器和麦克风。这些设备应易于使用和访问，以支持各种演示和远程通信。在数字化飞速发展的今天，会议室应具备高速的互联网连接，以支持数字化工作流程和在线资源的访问。

会议室的照明和美学设计也是会议室标准化设计的关键因素。照明应能根据不同的场合进行调整，如集中讨论时需要明亮的照明，视频展示时则需要昏暗的环境。会议室的美学设计主要体现在内部装饰的专业性和舒适性上，墙面的颜色、艺术作品的选择以及家具的风格都应与学校的整体设计和文化相协调，从而创造一个有利于交流和集中注意力的环境。

3. 舒适的工作环境

在中小学行政楼的设计中，一个舒适的工作环境有助于提升工作人员的工作效率，减轻员工的工作压力，激发员工的工作积极性和创造力。舒适的工作环境包括充足的自然光照、良好的通风条件以及符合人体工程学的家具和设备。

自然光不仅能提高员工的精神状态和工作效率，还有助于节省能源，充足的自然光照对于创造一个舒适的工作环境至关重要。因此，在行政楼的设计中，设计师应尽可能利用大窗户或天窗，以引入自然光。窗户的设计还应考虑防止过度的直射阳光或眩光，需要使用遮阳设施或调光玻璃来控制光线强度。新鲜的空气能够减少室内空气污染，提高空气质量，有助于保持员工的健康并提升工作效率。因此，良好的通风条件也是创建舒适工作环境的关键，行政楼应设计有效的通风系统（包括自然通风和机械通风的组合），确保室内空气流通，同时考虑季节变化和不同天气条件对通风效果的影响。办公椅、办公桌和计算机设备等根据人体工程学原理设计的符合人体工程学的家具和设备可以保证正确的坐姿，减少长时间工作带来的身体疲劳，有助于打造舒适的工作环境。例如，可调节高度的办公桌和椅子能够满足不同员工的身体需求，合适的屏幕高度和键盘布局则可以减少视觉疲劳和手腕压力。除上述内容外，工作环境的美学设计也是打造舒适工作环境不可忽视的重要因素，所以室内色彩、装饰以及整体布局都应营造出一种宁静和专业的氛围，这一点可以通过使用温和的色调和自然元素来实现。

（二）中小学行政楼的立面标准化设计

中小学行政楼的立面标准化设计是确保建筑不仅能在功能上满足需求，还能在美学和代表性方面与学校的整体形象和文化相协调的关键，对学校的第一印象和品牌形象有着深远的影响。

1. 符合学校文化和形象

中小学行政楼的立面设计在传达学校文化和形象方面扮演着至关重要的角色，这不仅是对建筑外观的美化，还是对学校教育理念和特色的直观表达。因此，立面设计的每一个细节（从建筑风格到颜色的选择，从材料的应用到装饰的细节）都需要精心考虑，以确保它们能够恰当地反映学校的特点和精神。

建筑风格的选择是立面设计中最基本的考虑因素，传统学校可能倾向于选择经典的设计风格，如新古典主义或哥特式风格，这些风格通过其历史感和庄严感来传达学校的传统和学术严谨性；相反，注重创新和现代性的学校可能会选择现代或后现代建筑风格，使用简洁的线条和新颖的设计元素来展现前卫和创新的教育理念。颜色不仅能够影响人的情绪和感受，还能传达特定的信息和价值观，所以颜色的选择同样至关重要。温暖的色调（如黄色或橙色）可以创造一个友好的氛围，而蓝色和绿色则能传达出平静和安宁的感觉，学校需要选择与其标志或校服颜色相协调的色彩，以加强学生对学校身份的认同感。在材料的选择上，学校需要考虑美观性、耐用性以及环保性，传统学校可能更倾向于使用天然材料，如石材或木材，这些材料不仅耐用而且具有经典美感；现代学校可能会选择更多的玻璃和金属材料，这些材料能够创造出现代感和技术感。除此之外，装饰细节也是立面设计中不可忽视的部分，装饰元素（如雕塑、浮雕或墙面艺术）可以用来强调学校的特色和教育目标，艺术相关的学校可能在立面上加入艺术元素，而科技学校可能采用更具现代感的设计细节。

2. 突出入口和重要区域

在中小学行政楼的立面设计中，有效地突出主要入口和其他重要区域可以使这些关键区域易于识别和访问，同时在视觉上与周围环境区分开来，从而为访客提供清晰的导向，并强化建筑的标志性，这对于建筑的功能性和美学来说都是至关重要的。对任何建筑而言，主要入口都是建筑的焦点，因为它不仅是进入建筑的物理通道，也代表着对外的第一印象，中小学行政楼也不例外。中小学行政楼设计可以通过以下方式来突出主要入口：第一，使用与周围建筑不同的材料或颜色，在视觉上将入口区域与其他部分区分开；第二，使用玻璃、不同的石材或独特的建筑细节（如柱廊、拱门或特色门框），强调入口区域；第三，通过不同的尺度和形态设计来突出入口，较大的门厅或显著的门楣设计可以吸引视线，使入口成为立面上的主要焦点；第四，设计合适的照明，合适的照明也是突出入口的重要手段，不仅能在夜间使入口区域更加醒目，还能增加安全性和可访问性。

其他重要区域（如接待区、会议室入口或者特殊功能区）同样可以通过设计上的巧思来进行强调，还可以通过窗户设计、建筑立面上的特殊图案或标志性的艺术作品来实现。例如，一些学校可能会在行政楼的外墙上加入校徽或其他代表学校精神的符号，以标识重要区域。

3. 窗户的布局和优化

在中小学行政楼的立面设计中，正确的窗户设计不仅能够最大化自然光的利用，降低照明能耗，还能提升室内的舒适度和工作环境的质量，同时考虑热效率的优化，所以窗户的布局和优化是提升建筑功能性和美观性的关键因素。窗户的布局首先应充分考虑建筑的朝向和周围环境，特别是在需要高强度工作的办公区域和会议室，设计合理的窗户布置能够确保充足的自然光进入室内。设计师可以通过在建筑的南面和北面设计更多的窗户来实现最佳的自然光利用，同时避免过强的直射阳光和高温；而在东西面的窗户设计中，设计师需要考虑合适的遮阳设施，以减少早晨和傍晚的直射阳光带来的眩光和热量。

窗户的大小和形状也是立面设计的重要考虑因素，较大的窗户可以提供更广阔的视野和更多的自然光，但也需要考虑其对建筑热效率的影响。使用双层或三层玻璃、低辐射涂层和其他节能玻璃技术，可以在引入自然光的同时，减少热量的流失，保持室内温度的稳定。

除此之外，窗户的设计还应考虑室内的舒适度和使用功能，公共区域和休息区可以设计更大的落地窗，以提供开阔的视野，营造放松的氛围；而在需要集中注意力或保密性较高的办公区域，设计师可以设计较小或定位较高的窗户，以确保在提供足够光线的同时保持一定的私密性。

4. 环境和谐

在中小学行政楼的立面设计中，建筑整体应与其所处的地理和文化环境协调一致，既要反映学校的独特性，又要尊重和呼应周边的自然景观和社区建筑风格，实现环境的和谐，这样的设计不仅能加强学校与社区的联系，还能为学生和教职员工创造一个更加和谐舒适的环境。这意味着设计师需要研究和理解当地的建筑传统和风格，掌握该地区的建筑历史和文化特征，确保新建的行政楼能够与周围建筑相协调。例如，如果学校位于一个历史悠久的城镇，行政楼的设计可能会采用传统的材料和元素，如石材立面或经典的窗户形状；相反，如果学校周边是现代化的城市环境，那么设计可能会倾向于使用现代的材料和简洁的线条。

中小学行政楼的立面设计还应考虑周围的自然元素，如树木、水体和地形的融合，确保建筑能够和谐地融入自然环境中。例如，设计师可以通过在立面设计中使用自然色彩或模拟自然形态的元素，或者通过建筑的定位和方向来最大化自然景观的视觉效果。中小学行政楼的立面设计还应与当地的城市规划和发展策略保持一致，这意味着行政楼的设计需要遵循当地的规划指导原则和建筑标准，同时考虑当地未来的社区发展趋势和需求。例如，如果社区正在推动环境可持续发展，那么行政楼的设计可能会强调绿色建筑和节能技术的应用。

（三）中小学行政楼的室内标准化设计

1. 技术设施的整合

在现代教育环境中，现代化的通信和网络设施是确保日常行政工作顺利进行的关键，对于提高工作效率、促进教育创新和加强校园社区的联系都至关重要，所以中小学行政楼的室内标准化设计首先需要考虑技术设施的整合，以支持高效的行政管理和通信。

一个强大且可靠的无线网络系统不仅能方便教职工日常的网络访问，还能支持各种教育技术的使用（如在线资源的访问、教育软件的应用等），所以无线网络覆盖是行政楼室内标准化设计的基本需求，需要为办公室、会议室和公共区域提供持续且稳定的网络连接。但是，在一些需要处理敏感数据或进行大量数据交换的区域（如财务办公室或学生记录管理处），有线网络连接可能是更好的选择，可以提供更高的安全性和稳定性。除了无线网络，数据传输线路的布设也是行政楼室内标准化设计非常重要的环节，合理布设这些线路可以实现高速的数据传输，确保大量的教育数据和行政信息能够被快速且安全地处理。

随着远程工作和数字化交流的普及，能够支持高质量视频会议的设备（如高清摄像头、麦克风和扬声器）成为必需，这些设备不仅能支持校内外的会议和交流，还可以用于远程教育活动和在线研讨会，加强校园与外部世界的联系，这些设备的整合对于现代教育行政工作同样重要。

2. 安全和无障碍设计

在中小学行政楼的室内标准化设计中，安全和无障碍设计是两个至关重要的考虑因素，它们是确保所有使用者能够安全地使用建筑设施，享受平等和便捷的访问条件的核心，其中安全设计的核心在于保护学生、教职工和访客免受各种潜在风险的威胁，无障碍设计则关注于提供一个对所有人包容的环境。

安全设计主要考虑的是日常生活的控制以及紧急情况发生时的应对，前者主要通过安全监控系统实现，后者主要通过紧急消防系统实现。安全监控系统包括监控摄像头、入侵报警系统和门禁控制系统等，这些系统不仅可以防止未授权的入侵，还可以帮助校方及时发现和处理校园内的安全问题，是保障校园安全的重要措施。当然，安全监控系统除了要保障安全，也要保护个人的隐私。紧急消防系统包括在关键位置设置的具有明显标识的紧急出口、灭火器、消防栓和自动喷水灭火系统等，这些可以确保学生在火灾、地震或其他紧急情况下能够迅速疏散，其中紧急出口的设计应避免复杂的转弯和阶梯，确保疏散路径直接且畅通。

在无障碍访问方面，行政楼的设计应确保符合无障碍标准，包括安装无障碍电梯、坡道以及合适宽度的门廊，确保所有人员（包括轮椅用户和行动不便的人员）都能便捷地访问和使用各种设施。同时，无障碍洗手间、标识清晰的导向系统和适当高度的服务台也是必要的配备。

3. 有效的能源管理

在中小学行政楼的室内标准化设计中，有效的能源管理是一个关键考虑因素，旨在通过使用节能材料和设备来降低能源消耗，实现环境的可持续发展和经济效益的双重目标。这种设计方法不仅能减少学校的运营成本，还能减少对环境的影响，体现对未来世代的责任感。

实现有效的能源管理的基础是使用节能材料和设备，如高效的隔热材料、优质的节能灯具。在建筑墙体、屋顶和窗户中使用优质的隔热材料对于控制室内温度至关重要，可以减少冬季供暖和夏季制冷的能源需求，从而降低整体能源消耗。LED灯具作为当前市面上典型的节能灯具，比传统灯具更加节能，寿命更长，可以显著降低更换频率和维护成本。设计师还可以考虑采用可再生能源技术（如太阳能板），这样不仅可以为学校提供清洁能源，还可以作为环境教育的实际案例，增强学生对可持续发展的认识。收集和利用雨水用于灌溉和冲厕也是一种有效的资源管理方式，可以减少对市政供水的依赖。

随着时代发展，智能控制系统的引入可以进一步提升能源管理的效率，这类系统可以根据实际需求自动调节照明、供暖、通风和空调系统，避免不必要的能源浪费。例如，智能温控系统可以根据室外温度和室内活动水平自动调节温度，智能照明系统则可以根据室内光线强度和使用情况调节照明。

4. 可持续性

在中小学行政楼的室内标准化设计中，可持续性理念越来越受到重视，这种设计理念不仅体现了对环境的尊重和保护，也符合当今社会对绿色建筑和可持续发展的期待。

选择环保材料是可持续建筑设计的基础，包括使用可再生的或可持续采购的木材和低挥发性有机化合物的油漆和黏合剂。这些材料的使用不仅可以减少对自然资源的依赖，还有助于提供更健康、更安全的室内空气质量，同时可以减少建筑行业对环境的负面影响。建筑建造过程可以采用节能和减少废物的先进技术，或者优化现场管理以减少能源消耗和废物产生，也可以通过合理的窗户布置和建筑方向等被动式设计策略最大化自然光的利用，提高热效率。此外，绿色屋顶和雨水收集系统不仅可以增强建筑的环保特性，还可以成为生态教育的实践平台。

第二节　装配式中小学艺术中心标准化设计

一、中小学艺术中心的区域划分

中小学校园内的艺术中心不仅是学生艺术教育的中心，也是校园文化活动的聚集地，主要包含以下几个重点区域。

（一）表演区

表演区作为一个教育与学习的核心空间，能够提供一个实践学习的舞台。在这里，学生能够在音乐、戏剧、舞蹈等领域进行实际操作和表演，从而增强他们的艺术技能，激发他们的创造力。表演区也是展示学生才能的平台，学生可以在这里展现他们在各种艺术领域所学到的技能，这种展示不仅能增强学生的自信心，还能让家长和社区成员直接参与并欣赏学生的艺术成果。

表演区也是举办校内外活动的理想场所，从音乐会、戏剧表演到舞蹈表演，再到学校集会和其他特别活动，这些活动不仅能丰富学校生活，还能增强学生对艺术的热爱。在音乐、戏剧等艺术形式中，学生需要用到来自不同学科的知识和技能，如音乐与数学的结合、戏剧与语言艺术的融合等，这有助于学生发展跨学科的思维和认识。通过合唱、乐队、戏剧制作等集体活动，学生在学习协作和团队合作的同时，可以不断提升自己的社交技能。艺术表演作为情感表达的重要方式，对于学生的情感发展和个人成长起着不可忽视的作用，具体来讲，艺术表演可以让学生以更加健康和积极的方式表达自己的情感，促进他们的个人成长和情感成熟。

此外，公开表演和社区活动可以促进学校与当地社区的互动，加强学校与社区之间的联系，进而提升学校在社区中的地位和影响力。

（二）排练室

艺术中心的排练室在中小学环境中扮演着至关重要的角色，其主要作用和职责体现在为学生提供一个专业和灵活的环境，让他们能够探索、实践并提升各种艺术形式的技能。这个空间作为技能发展的平台，可以使学生在这里进行音乐、戏剧、舞蹈等艺术形式的练习和探索。通过在排练室进行反复实践，学生不仅能够掌握艺术技能，还能够增强自己的创造力和表现力。

排练室还是团队合作和集体学习的中心，学生可以在乐队、合唱团或戏剧团体的排练过程中学习如何与他人协作，共同完成艺术创作和表演，这种团队合作不仅对艺术项目本身至关重要，也对学生的社交技能和团队精神的发展有着深远的影响。排练室还能为学生提供一个安全、支持的环境，让学生可以自由地表达自己，尝试新的想法，甚至犯错误并从中学习。通过这个过程，学生不仅能学会艺术技能，还能学会批判性思考和解决问题的能力。

在排练室中，学生也有机会进行跨学科的学习。例如，在音乐排练中，他们可能会用到数学和物理的概念（如节拍和声音的物理特性）；在戏剧排练中，他们可能会结合文学、历史和社会学的元素。这样的跨学科联系不仅能丰富学生的知识体系，还能提高他们的综合思维能力。艺术活动本身就是一种强烈的情感体验，通过音乐、舞蹈或戏剧的表达，学生可以探索和表达自己的情感，这对他们的情感健康和个人成长非常重要。在排练的过程中，学生还能学会如何应对挑战和压力，这对于培养他们的韧性和适应能力至关重要。排练室还能为学生提供一个展示自己才能的机会。通过定期的演出和展示，学生可以向同学、教师和家长展示他们的艺术成果，这种表演经验不仅能增强他们的自信心，还能激发他们继续探索和发展艺术才能的热情。

（三）艺术教室

在中小学的艺术中心内，艺术教室是学生学习和实践绘画、雕塑、陶艺、平面设计等艺术形式的场所，更是激发学生创造力和想象力的空间。学生在这些教室里通过实践活动，能够获得对不同文化和观点的深入了解，培养出更广阔的全球视野和文化敏感性，还可以自由地表达自己的想法和情感，进而提升他们的艺术感知和审美能力。在艺术学习的过程中，学生不仅能学到具体的技艺，还能在解决创作过程中遇到的问题时发展批判性思维和解决问题的能力。艺术通常与其他学科（如数学和历史）之间有着密切的联系，学生在学习几何绘画时可能会用到数学知识，在学习历史画作时则可以了解特定历史时期的背景知识，这种跨学科的学习方式不仅能加深学生对其他学科的理解，还能提高他们的综合思维能力。艺术教室还能为学生提供一个支持性和包容性的环境，鼓励学生尝试新的方法和想法，即使这些方法和想法可能会导致失败和错误。这种学习过程有助于学生建立自信心，并培养他们面对挑战和逆境时的韧性。

（四）展览空间

在中小学艺术中心内，展览空间的存在能够为学生提供一个展示自己艺术作品的平台，无论是绘画、雕塑、摄影还是其他多媒体作品，这种展示机会不仅能够提高学生的自信心，还有助于他们进一步理解艺术创作从构思到完成再到展示的完整过程。学生也能够看到自己作品的公开展示，感受到自己努力的成果被认可和欣赏，这对于激发他们继续参与艺术活动的热情至关重要。展览空间通过展示不同风格和文化背景的艺术作品，可以让学生接触并学习各种艺术形式和表达方式，这有助于拓宽他们的视野并促进对多元文化的理解和尊重。此外，学生也可以通过观看和分析其他艺术家或同学的作品获得灵感，学习不同的技巧和观点，进而提高自己的艺术创作能力。

展览空间可以对外开放，学校可以邀请家长、社区成员和其他学校的学生到此参观，这不仅能增强学校在社区中的影响力和参与感，还能为学生提供与更广泛观众交流的机会。这种交流不仅能增进学生与社区的联系，还能提供一个平台，让学生学习如何接受公众的反馈和批评，这对于他们的个人成长和艺术发展至关重要。

二、中小学艺术中心的标准化设计

（一）中小学艺术中心的平面标准化设计

在中小学艺术中心的平面标准化设计中，多功能空间设计是其核心特点之一，这种设计理念旨在通过灵活和多变的空间布局，满足各种艺术活动的需求。艺术中心的多功能区域包括表演区、排练室、艺术教室、展览空间和幕后支持空间等，每个区域都可以根据具体的艺术形式和教学活动进行相应的调整，使艺术中心成为一个综合性的艺术教育环境。

1. 表演区

为了适应不同艺术形式的展示，表演区的设计通常旨在满足多样化的表演需求，同时搭配专业的舞台设施、先进的照明系统和优化的声学设计，确保各种演出能够顺利进行。舞台是整个表演区的焦点，为了满足不同类型的表演需求，舞台通常配备可调节的幕布、灵活的舞台机械和多用途的背景设置，它的设计既要考虑视觉效果，又要考虑功能性和灵活性。照明系统通常包括各种类型的灯光（如聚光灯、追光灯和彩色灯光），可根据表演的不同需要进行调整，这种灯光的调整在艺术表演中扮演着至关重要的角色，不仅能够营造出适合表演的氛围，还能够突出演员和表演内容。为了保证表演区的表演更加优秀，良好的声学设计必不可少，它可以确保声音在表演区内均匀分布，使无论是现场表演还是通过扩音设备传播的声音都能清晰可辨，同时避免不必要的回声和噪声干扰，提供最佳的听觉体验。

2. 排练室

为了满足不同艺术学科的需求，排练室通常被设计成多功能和灵活使用的空间，且空间足够大，至少要满足乐队或合唱团的团体练习。其中，音乐排练室通常需要配备各种乐器（如钢琴、吉他、鼓和其他乐器）以及音响设备和录音设施，为了确保音质的清晰度和准确度，这些房间的声学设计至关重要，可以有效减少音量对其他区域的干扰；舞蹈排练室强调空间的开放性和镜面的使用，大面积的镜子不仅有助于舞者观察和纠正动作，还能增加空间的视觉效果，为了保证舞者的身体姿态，减少舞者受伤的风险，舞蹈排练室需要提供适当的地面支持，通常装有专业的舞蹈地板；戏剧排练室则需要灵活的布局，以满足不同戏剧作品的排练需求，通常配备可移动的道具和背景以及模拟舞台的设施，使学生能够在接近实际表演环境的条件下进行排练。

3. 艺术教室

设计师需要根据不同艺术教学的特殊要求设计不同的艺术教室，其中绘画和素描教室通常需要充足的自然光线和良好的人工照明，以确保学生可以准确地看到颜色和细节；雕塑和陶艺教室则需要更多的开放空间和耐用的工作台面，以容纳黏土、石膏和其他雕塑材料的操作。不同艺术教室所包含的设备也各不相同，绘画教室主要包括基本的画架、工作台和存储柜，陶艺教室可能配备陶轮、烧窑和模具，雕塑教室则可能需要各种雕刻工具和材料，这些设备的选择和布置能够支持学生探索各种材料和技术，激发他们的创造力和技能发展。

4. 展览空间

设计师在设计展览空间时需要考虑多种因素，以确保它们既实用又具有吸引力。为了适应各种不同类型的艺术展示（如绘画、雕塑、摄影、陶艺等多种形式的艺术作品展览），展览空间通常会被设计成灵活可调的，这一点可以通过配备可移动的展示墙、可调节的照明系统以及适当的展示架和底座来实现。这种灵活的设计使空间可以被轻松地配置，从而满足不同的展览需求。为了最大化展示效果，展览空间的照明设计尤为关键，适当的照明不仅能够突出艺术作品的细节，还能营造适宜的观赏氛围。因此，这些空间通常会采用专业的灯光设计（包括聚光灯和均匀分布的光源）以确保艺术作品被恰当地展示。展览空间的设计还要考虑美观性和访客体验，设计师通过使用清新、简约的装饰风格以及合理的空间布局，可以确保访客在参观时不受干扰，能够全身心地投入艺术作品的欣赏中；同时搭配多媒体展示屏、信息板或其他互动装置，可以大大增强访客的参与感。

5. 幕后支持区

化妆间和更衣室是表演者进入舞台之前的关键空间，通常配有镜子、照明和储物设施，供演员化妆和更换服装。为了方便演员能够在舒适的环境中准备，化妆间通常需要足够的空间和适宜的照明，更衣室则注重足够的储物空间和私密性，以确保演员更衣的方便和隐私。道具储存室是存放舞台道具和装饰品的地方，需具有足够的容量和组织性，以便快速找到并运输道具，同时应考虑到道具的特殊存储需求，如温度控制或特殊材料的保护。技术控制室是舞台技术运作的指挥中心，通常设有音响控制台、灯光控制面板和其他舞台技术设备，技术控制室的位置必须确保技术人员能够清楚地看到舞台，以便于实时操作各种控制系统，这个区域不仅是技术支持的核心，也是学生学习和实践舞台技术的重要场所。

（二）中小学艺术中心的立面标准化设计

1. 中小学艺术中心外墙的标准化设计

中小学艺术中心的外墙不仅是建筑的基本组成部分，还承载着教育和美学的双重功能，所以外墙的设计要求既实用又能激发学生的创造力和想象力，从而提升整个学习环境的质量，同时能作为学生艺术创作的灵感来源。

考虑到艺术中心的功能特性，外墙设计往往会借鉴现代艺术元素，使用鲜明的色彩和独特的几何形状来激发学生和教师的创造力。为了创造一个活泼而富有创意的学习环境，外墙的色彩和纹理选择至关重要。色彩鲜艳、充满活力的外墙能够激发学生的想象力和创造力，同时为艺术中心带来生动的视觉效果。设计师可以选择与艺术和创造力相关的主题进行设计，如抽象的图案或者学生喜欢的动物、自然景观或者幻想主题。外墙也可以搭配灯光被设计成可变的展示空间，让学生在夜晚看到不同的艺术作品，这样不仅能鼓励学生的创造性表达，还能让外墙成为一个不断变化和成长的艺术画廊。艺术中心外墙的设计还可以融入教育元素，如艺术史、著名艺术家的作品或艺术理论的基本概念等，这样的设计不仅具有美学价值，还能作为教学的辅助工具，帮助学生在日常环境中学习和吸收艺术知识。

在材料选择上，外墙最好使用耐用、易于维护的材料，这是因为外墙需要经常面临风吹雨打，定然会出现潜在的磨损。安全性也是外墙设计的首要考虑因素，所以外墙材料必须经过严格选择，确保其耐火性、耐候性和结构稳定性，优质的耐火性可以减少火灾风险，优质的耐候性则能确保外墙在不同的环境条件下保持稳定性和耐久性。可持续性是现代建筑设计的主流趋势，因此外墙材料的选择也需要考虑这个因素，可以使用可回收材料或者那些对环境影响较小的材料。

2. 中小学艺术中心窗户的标准化设计

中小学艺术中心窗户的标准化设计的重点在于结合功能性与审美性，其中窗户的大小和形状是关键因素，它们不仅要美观，还要在艺术创作和展示中发挥重要作用。窗户的尺寸应该足够大，以便最大化自然光的使用；窗户的形状选择传统的长方形，保持一种经典和简洁的美感。考虑到艺术中心的特性，设计师也可以使用更现代的设计，如圆形或不规则形状的窗户，这种创新的设计不仅能提高建筑的视觉吸引力，还能激发学生和访客的想象力，使艺术中心成为艺术创作的灵感源泉。

窗户的安全性在学校环境中尤为重要，尤其是在学生频繁活动的区域。因此，窗户必须使用坚固的材料来保证耐用性，并且配备适当的锁闭机制，以防止意外发生，这样不仅能保护学生免受伤害，还能确保艺术作品的安全。窗户的设计还要考虑易于使用和维护的因素，确保窗户可以持久且方便地服务于学校。

除了美观和安全性，窗户的隔热和隔声性能也非常重要。良好的隔热性能可以帮助控制艺术中心内的温度，为学生和教师创造一个舒适的学习和工作环境，在夏季减少空调的使用，降低能源消耗；冬季则能保持室内温暖，减少暖气的需求。良好的隔声性能则能确保艺术中心内部环境的宁静，以隔离外界噪声的干扰，创造一个适合艺术创作和学习的安静空间，特别是在需要集中注意力的创作或学习活动中。

（三）中小学艺术中心的室内标准化设计

1. 技术和设备的集成

现代化的音频和视频设备不仅能够提高艺术表演和展示的质量，还能提供更广泛的学习和创作机会，所以在中小学艺术中心的室内标准化设计中，技术和设备的集成对于提升教学质量和学生创作体验至关重要。专业级的音响系统、麦克风、放大器和混音器可以确保音乐和戏剧表演的声音清晰且具有冲击力；高分辨率的投影仪和大屏幕能够清楚展示学生的视觉艺术作品、播放艺术历史纪录片或进行视频会议和远程学习；明亮的舞台照明和录像设备可以增强表演的视觉效果，同时记录学生的表演，以供学生后期回顾和精进。

随着技术的发展，数字艺术已成为艺术教育中十分重要的一部分，其中图形绘画板可以让学生以数字方式进行绘画和设计，不仅能提高创作的效率，还能为学生提供探索不同艺术风格和技术的机会；而音乐制作软件可以让学生创作和编辑自己的音乐作品，无论是传统乐器的录音还是电子音乐的制作都可以实现。这些软件通常具有用户友好的界面，适合不同年龄和技能水平的学生使用。

为了同时支持这些技术和设备，艺术中心需要保持稳定的网络连接、足够的电源插座和适宜的存储空间，同时进行定期的维护和更新，以确保设备的性能和最新的软件应用。全面的技术和设备的集成使艺术中心不仅能提供传统的艺术学习体验，还能激发学生在数字艺术和新媒体领域的创造力和兴趣，为他们提供探索当代艺术形式和表达方式的机会，培养出更多样化和全面发展的艺术家。

2. 环境的舒适与包容

在中小学艺术中心的室内标准化设计中，舒适性和包容性是两个极其重要的方面，不仅涉及空间的物理布局和设施，还涉及一个更广泛的理念，即创造一个欢迎和支持所有学生的环境，无论他们的能力或需求如何。

设计一个包容所有学生的空间意味着必须考虑到残障人士的需求，包括设计无障碍入口、宽敞的通道、合适高度的工作台和配套设施以及特别设计的卫生间等。例如，门口应该没有台阶，或者提供坡道以便轮椅使用者进入；宽阔的通道需要方便轮椅用户自由移动。对于视觉或听力受限的学生，设计师可以通过提供触觉指示、声音信号和大字体或盲文标签来帮助他们导航和参与活动。

室内空气质量直接影响着学生的身体健康和学习效率，这就要求艺术中心需要配备良好的通风系统和空气过滤系统，以减少空气中存在的污染物和过敏原，消除某些艺术材料可能会产生的气味或化学物质，营造一个清新舒适的学习环境；同时可以搭配适量的室内植物来提高空气质量，提高室内的美观度和舒适感。除了空气质量，温度和湿度控制同样重要，不适宜的温度和湿度不仅会影响学生的舒适感，还会直接影响他们的注意力和学习效果。因此，室内最好采用中央空调，搭配自适应温度和湿度控制系统，实现根据不同季节和天气条件自动或手动调节室内的温度和湿度。当然，室内的光线同样是影响环境的关键因素，设计师可以使用可调节的窗帘或百叶窗帮助控制室内的光线和温度，减少眩光，为学生创造一个更舒适的视觉环境。

3. 色彩选择

在中小学艺术中心的室内标准化设计中，色彩不仅影响着空间的美观和氛围，还对学生的情绪和认知能力有着显著的影响，所以精心选择的色彩方案对于创造一个有利于学习并能激发创造力的环境、提升学生的学习体验、激发学生的想象力和创造力有着十分重要的作用。

色彩的选择应能反映艺术中心的目的和精神，明亮、活泼的颜色可以创造一个鼓舞人心的环境，激发学生的积极性和创造力。例如，蓝色常与平静和集中注意力相关联，适用于需要专注的绘画或阅读区域；绿色则给人以自然和放松的感觉，适用于休息或灵感发散的空间。色彩的使用也需要考虑色彩对空间感知的影响，暖色调可以使空间看起来更加亲密和温馨，冷色调则能营造出更宽敞和清新的感觉。在有限的空间内，使用浅色调可以使房间看起来更大；而在较大的空间中，使用饱和度更高的颜色可以增加温馨感和舒适感。色彩的选择还应考虑年龄适宜性，对于年纪较小的学生，设计师可以使用明亮、鲜艳的色彩，激发学生的兴趣和好奇心；而对于年纪较大的学生，设计师可以选择更成熟和复杂的色彩方案，以促进学生的艺术理解和审美发展。这里需要注意，不同的艺术区域可以采用不同的色彩方案来强调其功能，如音乐室可采用激励性强的色彩以激发动感和节奏感，绘画室则可以采用更中性的色调以便学生能够更好地专注于他们的创作。

除了固定的墙面色彩，设计师还可以通过可更换的装饰元素（如挂毯、艺术品或家具）来增加色彩的多样性和灵活性，这种灵活的设计可以使空间根据不同的季节、节日或特殊活动进行调整，从而保持空间的新鲜感和活力。

第三节　装配式中小学风雨操场标准化设计

一、中小学风雨操场的区域划分

中小学的风雨操场是一个多功能的室内运动场所，能够在不受外部天气影响（如雨、风等极端天气条件）的情况下，提供学生一个安全、舒适的体育活动空间，不仅能丰富学生的体育教育，还能提供一个多用途的活动场所。风雨操场的核心特点是其室内特性，这使得学校能够在任何天气条件下都保持体育课程的连续性和稳定性。

中小学的风雨操场通常包含以下几个主要的空间。

（一）主体育活动区

风雨操场中的主体育活动区的主要作用是提供一个多功能的空间，用于举行各种体育活动和运动课程。在这个区域中，学生不仅能够进行常规的体育锻炼（如跑步、跳跃和球类运动），还可以参与团队运动和比赛，这些活动不仅可以促进学生的身体发展，对其进行健康教育，还能培养学生的团队合作精神、竞争意识和社交技能，因此主体育活动区在中小学教育环境中扮演着极其重要的角色。学生通过参与不同的运动项目，可以提高自己的身体协调性、灵活性和平衡能力，结合体育教师的指导和监督，可以养成长期的运动习惯。长此以往，这些运动活动不仅有利于学生的身体健康，还能够帮助他们释放压力，增强自信心和自尊，促进心理健康发展。学生在参与团队运动和竞技活动，特别是在学校举办的体育赛事中，可以学习如何在团队中合作、如何面对竞争和挑战以及如何尊重对手和规则，这些经验对于学生的社会化和个人发展极为重要。

除了体育运动的实际参与，主体育活动区也常常作为学校社区活动的中心，学校可以在这里举办集会、庆典和其他大型活动，加强学校社区的凝聚力，而学生、教师和家长可以在这些活动中相聚，共享学习和成长的喜悦，加深学校与家庭之间的联系。

（二）专业体育活动室

风雨操场中的专业体育活动室是中小学体育教学中十分重要的一部分，为学校体育教育和学生个人发展提供了重要的支持。这些活动室通常用来举行更为专业和特定的体育活动，如武术、体操、舞蹈、力量训练或瑜伽等，这些活动需要特定的设备和适宜的环境。

专业体育活动室与传统的体育课堂相比，能够提供一个安全、适宜的环境，让学生在专业指导下进行特定的体育训练和锻炼。这些活动室通常配备了更专业的设备，如垫子、平衡木、跳马和各种力量训练器械，这些设备对于学生学习特定运动技能和提高身体能力是十分重要的。在这里，学生不仅可以学习基本的运动技巧，还可以进行更高级别的技能训练，这对于培养他们的体育兴趣和专业技能非常重要。专业体育活动室还能为学生提供一个可以自由探索和发展个人兴趣的空间，学生可以在这个相对私密和集中的环境中，在不受外界干扰的情况下专注于个人技能的提升，这对于那些对特定体育项目有浓厚兴趣或想要在体育方面取得进一步发展的学生来说尤其重要，也能为那些可能在开放式体育环境中感到不自在的学生提供更多的选择和机会。

专业体育活动室的存在使学生可以参与多样化的体育活动，使力量、灵活性、耐力和协调性等都得到极大进步，促使学生综合素质的全面发展；而参与瑜伽和舞蹈等活动可以帮助学生放松心情，减轻压力，提高他们的自信心和自我表达能力，在推动学生身体健康的同时促进心理健康的发展。

（三）观众席 / 看台区

风雨操场一般包含观众席或看台区，它们主要用于为观看体育赛事、学校集会、演出及其他大型活动的观众提供座位，不仅能提高操场的功能性，还能为校园活动带来社交和社区参与的维度，在学校体育和社区活动中起着关键作用。

在学校运动会或体育比赛中，观众席或看台能够使家长、师生以及社区成员舒适地观看体育赛事和学校表演，同时为学生加油鼓劲。这种集体参与和支持对于学生运动员来说是极大的鼓舞，不仅能提升他们的表现水平，还能增强学校社区的凝聚力。而看台上观众的欢呼和支持能为赛事营造激动人心的氛围，为学生运动员和观众创造难忘的体育经验。在非体育活动中，如学校集会或演出，大量观众进入观众席有助于加深学校社区的参与和沟通，学生通过在观众席前表演，能够锻炼自信心和公众演讲能力，这对于他们的个人发展非常重要。

（四）辅助区

风雨操场中的辅助区域对学校体育活动来说发挥着至关重要的辅助功能，尤其是更衣室和储物室，它们能为学生参与体育活动提供必要的便利和支持，确保活动的顺利进行，同时增强整体的安全性和舒适度。

更衣室的存在能够为学生提供一个私密、安全的空间，使他们能够在参加体育活动前后更换服装，这不仅关乎学生的个人舒适和卫生，还有助于保持他们的尊严和自尊心。更衣室通常配有储物柜、更衣间和淋浴设施，可以确保学生在运动后及时地清洁和更换衣物，这对于正在经历青春期变化的学生来说能够提供一个安全的、不受外界干扰的、解决个人卫生的私密空间。

储物室则主要用于储存体育器材和个人物品，体育活动中所需的各种器材（如球、垫子、网和其他运动用品）通常堆放在储物室，它能为这些器材提供一个组织有序、易于访问的存放空间，同时便于教师和学生轻松地取用和归还。个人储物柜或储物空间允许学生在这里存放他们的书包、衣物和其他个人物品，不仅方便了他们的运动活动，还提高了物品的安全性。

二、中小学风雨操场的标准化设计

（一）中小学风雨操场的平面标准化设计

1. 主体育活动区

中小学风雨操场的主体育活动区是最为关键的部分，它不仅要开展日常的体育课程，还要承办校队训练和各种学校间的体育比赛，所以主体育活动区的设计和功能决定了操场的使用效率和安全性。通常情况下，这个区域的设计最基础的要求是足够宽敞，以确保可以容纳各种体育活动和运动项目，如篮球、排球、羽毛球等。为了适应不同类型的运动项目，主体育活动区内的设施也需具有一定的灵活性和可调整性，如篮球架应能够满足不同年龄段学生的身高需求，排球网和羽毛球网的高度也应可调。

在主体育活动区的设计中，地面的铺设是一个重要方面，因为地板直接决定了学生在进行各种运动时的安全。活动区地面通常采用防滑和缓冲的专业体育地板，这种地板材料不仅能降低滑倒的风险，还能在跳跃或奔跑时提供一定的冲击吸收，从而减轻对学生膝盖和脚踝等关节的压力。更重要的是，专业的体育地板还具有一定的耐磨性和长期使用的稳定性，能够保证运动场地的持久性和维护的便利性。

2. 跑道和健身区

在中小学的风雨操场中，跑道和健身区的设置能够提供更多元化的体育活动选择，不仅强调传统的球类运动，也关注学生的基础体能训练和个人健康，是对学生全面体育教育的重要补充。

跑道通常围绕主体育活动区设计，以提供一个安全、标准化的跑步环境，它不仅可以作为日常活动（如晨跑或课间活动）的场所，还能够举办学校的田径活动和体能测试。跑道的材质通常选择耐用、防滑且对脚部冲击有一定缓冲作用的材料，可以降低运动伤害的风险。最重要的是，跑道的设计必须考虑到空间的合理利用，确保不会干扰到操场中心区域的其他活动。

健身区则是风雨操场中另一个专门的、让学生可以进行各种体能训练和健身活动的空间，通常配有各种健身器械，如哑铃、跳绳、瑜伽垫等，这些设备既适合团体课程的使用，也适合学生的个人训练。因此，健身区的设计需考虑到使用的安全性和多样性，确保设备的布置既能满足不同年龄段学生的需要，又能提供足够的安全保障。

3. 观众席/看台

在中小学风雨操场的设计中，观众席或看台的主要功能是为学校体育赛事和其他大型活动提供观看空间，确保学生、教师和家长能够舒适且安全地观看比赛和表演。因此，观众席或看台的设计需要考虑到容量、视线和安全性。在容量方面，设计师需评估学校的规模和活动需求，以确保看台能够容纳足够数量的观众；在视线方面，观众席的布局和高度需要优化，以保证每个座位都有良好的视野，使观众能够清楚地看到操场上的活动；在安全性方面，观众席必须使用稳固的结构，留有安全的进出通道和足够的紧急出口。

为了提升观看体验，观众席或看台的设计还要设计遮阳和防雨设施，特别是在开放式的风雨操场中，这些设施能够保护观众免受强烈日晒或雨水的影响，使他们在观看比赛或表演时更加舒适。为了保证空间的充分利用，观众席或看台还需具有一定的灵活性和多功能性，设计师可以设计一个可折叠或可移动的看台，根据不同活动的需求进行重新配置或者在不需要时进行集中收纳以节约空间，降低空间占有率。

4. 更衣室和储物柜

在中小学的风雨操场中，更衣室和储物柜的设置是为了满足学生在体育活动前后的基本需求，旨在提供便利、安全且私密的环境，以支持学生在进行体育活动时的舒适度和便利性。

更衣室通常位于风雨操场的便捷位置，方便学生在上体育课前后能够轻松地更换运动服装。为了确保学生的隐私和安全，更衣室的设计通常包括独立的隔间、锁定设施和适宜的更衣空间，内部布局考虑到不同年龄段学生的身高和使用习惯，应设置合适高度的挂钩、镜子和洗手盆。储物柜则能为学生提供一个安全的存放个人物品和运动装备的空间，通常设计为个人使用，每个柜子都配有锁具，以确保学生物品的安全。储物柜的大小和数量需根据学校的实际需求来确定，从而确保每位学生都有足够的存储空间。储物柜的位置通常靠近更衣室，方便学生在更换运动服装前后能够方便地存取物品。

（二）中小学风雨操场的立面标准化设计

1. 中小学风雨操场外墙的标准化设计

中小学风雨操场外墙的标准化设计不仅需要确保建筑结构的安全和耐用性，还要考虑外观的美学、功能等多方面因素。

为了确保长期的稳定性和耐候性，外墙的材料应使用坚固耐用的材料（如钢材、混凝土或高品质的合成材料），也可以使用环保材料，搭配先进的节能技术，在保证建筑结构稳定的情况下满足社会的环保和节能需求。在美观性方面，外墙的设计应与学校的整体建筑风格相协调，能够反映学校的特色和文化，这一点可以通过使用鲜艳的颜色或吸引人的图案来实现，或者将带有明显体育色彩的装饰安装在外墙表面，标明建筑的属性，同时创造一个生动活泼的环境，以激发学生的兴趣。在功能性方面，外墙设计应结合不同天气条件下的使用需求进行变化，因此合理的通风和防水措施是必要的，考虑到特殊活动或运动需求，设计师可以适当调整门窗和入口的尺寸和位置。

随着科技发展，设计师可以考虑将高科技元素融入外墙设计，如智能照明系统或太阳能板，这样既能增强外墙的功能性，又能提高其环保效益。

2. 中小学风雨操场窗户的标准化设计

中小学风雨操场窗户的标准化设计不仅要考虑窗户的功能性，还要考虑其安全性、美观性、耐用性以及与整体建筑的协调性，以确保窗户既能满足实用需求，又能提高建筑的整体美观和使用体验。

中小学风雨操场窗户的大小和形状是设计师首先要考虑的关键因素。窗户应该足够大，以确保充足的自然光照射到操场内部，这对于创造一个明亮舒适的运动环境至关重要。窗户的形状应该与建筑的整体风格相协调，风雨操场作为现代建筑，可采用大面积的玻璃窗或不规则形状的窗户，以提高建筑的视觉吸引力，那些追求传统的设计则可使用经典的长方形窗户。窗户的位置和布局应该确保整个操场能够均匀分布自然光，在创造视觉平衡的同时营造出一定的美感。

安全性同样是中小学风雨操场窗户设计的另一个重要考虑因素，能够直接影响学生的人身安全。通常情况下，学校中的窗户必须足够坚固，确保能够抵御潜在的破坏和天气影响，窗户玻璃可以使用强化玻璃或双层玻璃，提高窗户的安全性和耐用性。除安全性外，窗户的隔热性和隔声性同样重要，良好的隔热可以帮助控制操场内的温度，减少能源消耗，提供更舒适的运动环境；而良好的隔声设计可以减少外部噪声的干扰，确保操场内部的安静。窗户的设计还要考虑适当的锁闭机制，在某些情况下，设计师可以考虑安装可开闭的窗户，以提供良好的通风和空气流通，消除运动过程弥散的气味，同时确保建筑内物品以及学生的安全。

在美观性方面，窗户的设计应与整个操场的建筑风格和外观相协调，设计师可以考虑使用有色玻璃或带图案的窗户，以提高建筑的艺术性和视觉效果。

（三）中小学风雨操场的室内标准化设计

1. 环境控制系统

在现代中小学风雨操场的设计中，包括通风、采光和温度控制在内的环境控制系统能够直接影响室内运动的舒适性和安全性。一个有效的环境控制系统可以创造一个适宜的运动环境，提高学生的体育活动体验。

风雨操场是学生运动的场所，学生在这里挥洒汗水，大量的身体活动会迅速增加空气中的二氧化碳含量，提高湿度，在密闭的室内空间中，这种空气质量的变化更为明显。而包括机械通风和自然通风的通风系统可以在开启窗户后实现室内空气的流通，减少细菌和病毒的积聚，为学生提供一个健康的运动环境。

自然光的照射可以创造一个积极和愉快的运动环境，有助于提高人的心情和精力，提升学生的精神状态和运动水平，还能在一定程度上实现节约能源的目的，所以设计师应尽可能利用大面积的窗户最大限度地引入自然光，这对于提高学生在体育课上的参与度和表现水平尤为重要。

室内温度也很重要，温度过高或过低都会影响学生的运动水平和舒适度，因此风雨操场室内一般都安装高效的空调系统，可以在夏季提供冷却，在冬季提供加热，确保操场内维持一个恒定和舒适的温度，避免学生在运动完由于冷热交替而生病。温度控制系统的设计还应考虑到能源效率，以减少能耗和运营成本。

随着科技的不断发展，设计师可以在室内安装空气质量监测器和具有自动调节功能的高级控制系统，它们不仅能实现基本的环境控制，还可以根据室内人数和活动强度自动调整通风和温度，从而确保最佳的室内环境。

2. 排水、照明、声学系统

在中小学风雨操场的室内标准化设计当中，排水系统、照明系统和声学系统是确保操场功能性和安全性的关键，决定了学生能否在风雨操场更好地开展运动活动。以排水系统为例，由于部分风雨操场是露天的，雨季的地面会积水，因此良好的排水系统能够确保地面在雨天之后迅速干燥，降低积水带来的滑倒风险和对地面材料的潜在损害。排水系统通常包括表面排水和地下排水两个部分。表面排水设计要确保雨水可以快速从操场表面流走，避免积水现象，这通常通过斜坡设计和排水沟来实现。地下排水则通过设置适当的排水管线和集水井，确保水分能被有效地引导到操场之外。排水系统的设计还需考虑当地的降水模式和排水法规，确保系统的高效性和合规性。

高效的照明系统能提供均匀、柔和且足够的光线，以保证运动员的视线清晰，尤其是对于夜间或阴暗天气下的活动，照明系统能够大大降低因光线不足造成的安全隐患，因此其设计在风雨操场中也非常重要。考虑到能源效率和环境的影响，风雨操场在选择照明设备时应选择 LED 照明，因为 LED 具备低能耗和长寿命特性，是一个理想的选择。照明系统的布置还需要考虑避免眩光和阴影的产生，保证光线均匀覆盖整个操场。

除此之外，一个好的声学系统可以确保在体育课或活动时教师的指令能够清晰可闻，这不仅有助于提高教学效果，也是安全性的一个重要保证，这一点可以通过使用吸声材料和声反射板来实现，这两种材料可以有效地控制回声和噪声。

3. 安全设计

在中小学风雨操场的室内标准化设计中，安全设计是一个至关重要的方面，是学生在使用操场时安全的保障，必须全面、充分地考虑。风雨操场经常用于跑动和其他高强度活动，使用防滑地面可降低跌倒和滑倒事故的风险，因此在选择地面材料时，设计师应考虑材料的防滑性能，特别是在潮湿或雨后条件下的防滑性能，常用的材料有合成跑道和人造草坪等。同理，更衣室入口或操场周边等一些需要额外防滑措施的区域也需采用防滑地面，也可以采用特殊的防滑涂料或嵌入式防滑条。地面材料除了防滑，还要具备足够的耐久性，以有效防止路面因长期使用出现的坑洼和断裂，路面一旦出现破损就必须立刻进行更换。对于年龄较小的学生，风雨操场的设计应考虑他们的身高和运动能力，适当调整设备和设施的高度，以确保他们能够安全使用，设计师可以使用更柔软的材料，以减少跌倒时受到的伤害。

安全出口和紧急疏散路径的规划对于确保学生的安全至关重要，安全出口应设立明显标识并保持畅通，方便人们快速通过；紧急疏散路径应直接通向安全区域，且宽度应足以容纳大量人员快速疏散。设计师应考虑多个疏散路线，以防一个出口因特定情况无法使用。为了确保学生在停电或视线不佳的情况下也能安全疏散，紧急照明设施和指示标志应装有备用电源，且安装在关键位置。安全设施的布置要注意均匀分布，灭火器、消防栓等消防设施应在操场周围有足够的配置，并定期进行检查和维护。那些可能发生意外的区域（如跳高或撑竿跳等高风险区域）应配备适当的安全垫或防护装置。

第七章 装配式中小学建筑与 BIM 技术

第一节 BIM 技术概述

一、BIM 技术的发展与定义

（一）BIM 技术的发展历程

BIM 技术的起源可以追溯到 1975 年，当时 Chuck Eastman 提出了"建筑描述系统"（building description system）的概念，这一概念的提出预示了将来对建筑项目的全面数字描述的可能性。进入 20 世纪 90 年代，随着计算机技术的快速发展和普及，类似于 BIM 的理念开始在制造业得到应用，极大地推动了制造业的进步和生产力的提升。G.A. Van Nederveen 和 F.P.Tolman 在 1992 年首次提出了 BIM 这一概念，标志着建筑信息模型的正式诞生。这个概念的提出为建筑行业提供了一个全新的视角，即通过数字化手段全面管理建筑项目的生命周期。21 世纪初，BIM 技术开始得到更广泛的关注和应用。美国 Autodesk 公司在 2002 年发布的白皮书中赋予了 BIM "协同设计"等特征，强调了这一技术在促进项目参与各方协作方面的潜力。这一转变是建筑行业数字化转型的关键，至此，BIM 不再只是一个三维建模工具，而是成为一个全方位的项目管理平台。

国外众多研究人员对 BIM 技术进行了深入的研究，并取得了一定的成果。Li C Z 等开发了 RFID（radio frequency identification）无线射频识别 BIM 平台，汇集了各利益相关者、数据信息、施工技术，能够简化预制生产、物流信息、施工过程，实现信息数据可追溯、施工过程可控管理。①Li X Y 等利用 BIM 技术，建立了预制混凝土建筑碳足迹计算模型，研究表明，预制混凝土建筑能够有效节约资源，达到节能减排的目的。② Grilo A 和 Ricardo J G 将 BIM 技术看作一个数据库，通过收集建筑全生命周期的建筑信息，形成一个数据信息交换平台。③

中华人民共和国住房和城乡建设部颁布的《建筑信息模型应用统一标准》的实施，促进了 BIM 技术在建筑行业的应用与发展。学者张建平等提出将 BIM 技术与 4D 技术相结合，在施工进度、人力、材料配置、机械、成本运营方面实现 BIM 建模系统和工程项目管理，构建一套完整的 BIM 技术基本应用框架。④ 王梦真对装配式建筑的施工安全进行了研究，提出采用 BP 神经网络建立安全评价模型，以 BIM 与装配式建筑为实际模型数据来验证项目安全系数。⑤ 张素娟通过模糊综合评价法分析了应用 BIM 的效益，得出 BIM 能够在质量进度、成本、安全、生态、人才等方面取得显著效益。⑥

（二）BIM 的定义

BIM 是一种革命性的技术，在 21 世纪初期被提出后迅速成为建筑行业中具有影响力的技术之一。BIM 的具体定义是以计算机三维数字技术为基础，集成了各种相关信息的工程数据模型，可为设计、施工和运营提供协调的、内部

---

① Li C Z, ZHONG R Y, XUE F, et al. Integrating RFID and BIM technologies for mitigating risks and improving schedule performance of prefabricated house construction[J]. Journal of Cleaner Production, 2017,165：1048-1062.

② LI X J, LAI J Y, MA C Y, et al. Using BIM to research carbon footprint during the materialization phase of prefabricated concrete buildings: a China study[J]. Journal of Cleaner Production, 2021,279：123454.

③ GRILO A,RICARDO J G.Value proposition on interoperability of BIM and collaborative working environments[J].Automation in Construction, 2009, 19（5）：522-530.

④ 张建平，李丁，林佳瑞，等.BIM 在工程施工中的应用 [J]. 施工技术,2012,41（16）：10-17.

⑤ 王梦真．BIM 背景下装配式建筑施工安全评价模型研究 [D]. 天津：天津大学,2018.

⑥ 张素娟．深圳市某医院改扩建工程全生命周期 BIM 应用的效益分析研究 [D]. 广州：华南理工大学,2019.

保持一致的并可进行运算的信息模型，是对工程项目设施实体与功能特性的数字化表达。由此可见，BIM 的核心是利用计算机三维数字技术构建一个包含了丰富信息和数据的工程模型，这个模型不仅包括建筑物的物理外观，还融合了设计、施工和运营过程中的各种相关信息，提供了一个协调一致、可以进行高效运算的信息化平台。

BIM 技术的定义涵盖了建筑项目从概念化到拆除的整个生命周期，强调了信息化、共享知识、数字化管理和协同工作流程的重要性。BIM 的定义可以从以下几个维度来理解。

1. 数字化表达与信息集成

BIM 是建筑设施的物理和功能特性的数字化表达，它不仅是一个三维模型，更是一个包含了详细参数化信息的复杂数据模型，包括建筑材料、结构设计、系统布局、能源性能等各方面的细节。这种集成化的信息处理方式使 BIM 成为一个全面的、可用于多种用途的工具，能够支持建筑的规划、设计、施工及运维等多个阶段。

2. 知识资源与信息共享

BIM 是一个囊括无数知识资源的数字模型，这个模型是共享的，在建筑的整个生命周期中扮演着关键角色。基于这种资源共享，项目的所有参与方（包括建筑师、工程师、承包商和业主）都能够访问和利用这些信息，确保数据的连续性、及时性、可靠性和一致性。这种信息共享能够极大地提高决策的质量，从而支持从项目的概念阶段到拆除阶段的所有工作。

3. 数字化管理与协同

BIM 不仅是一种技术，更是一种数字化的管理方法和协同工作的过程，可以促进建筑工程的集成管理，使工程项目在设计、建造、运营的整个过程中能够提高效率，降低风险。通过协同工作，BIM 能够有效地整合各个专业和领域的专家知识，确保项目的顺利实施。

4. 信息化技术与软件支撑

BIM 作为一种信息化技术，它的功能实现需要专业的软件支持，换言之，在项目的不同阶段，不同的利益相关方可以在职权范围内通过对应的 BIM 软件在 BIM 模型中提取、应用和更新相关信息，并通过协同作业来提高设计、建造和运营的效率与水平。BIM 软件的应用使项目管理更加精确和高效，同时提供了一个平台，让各方能够及时地沟通和解决问题。

二、BIM 的核心理念与基本特性

（一）BIM 的核心理念

信息技术在建筑行业的应用已经有了相当长的历史，CAD 的出现标志着建筑设计领域从传统的手工制图向电子制图的重大转变，这种变革被视为建筑领域的第一次工业化革命。CAD 技术通过在计算机软件中创建二维数据模型极大地提高了绘图的效率和精确性，为建筑设计带来了前所未有的便利和灵活性。随着 CAD 技术的发展，建筑设计开始从二维平面模型过渡到三维模型，2014 年版本的 AutoCAD 等软件已经能够完全绘制三维模型，并提供可视化显示、漫游及其他功能。但是，这些提供了三维建模能力的软件仍然是基于软件底层的二维数据设计，不能完全满足 BIM 理念的要求。

BIM 不仅是一项技术，更是一个全面的项目管理工具，涵盖建筑的整个生命周期，它的出现被视为建筑领域的第二次工业化革命。BIM 集成了大量的数据和信息，包括建筑的物理特性、功能特性、施工过程、运营成本等，结合大数据和云计算技术，可以实现对项目生命周期全过程的高效管理。

在过去一段时间里，BIM 的研究和应用一直在不断发展和变化，物联网（IoT）、人工智能（AI）、虚拟现实（VR）和增强现实（AR）等新兴技术都被集成到 BIM 中，使 BIM 早已脱离简单的静态模型，变成一个涵盖项目全生命周期的信息管理和业务过程工具，成为一个动态、交互式的管理平台。BIM 的应用实现了在设计、施工和运营的每一个阶段都有高效的数据共享和信息流通，从而使项目的、使用不同技术平台的各个参与方（包括业主、建筑师、工程师、承包商、分包商和供应商）能够在同一时间内利用相同的信息，实现更准确、高效的合作。

BIM 的核心理念体现在模型的完整性、关联性和一致性三个关键方面，这些特性能够为整个建筑项目的全生命周期提供强大的信息集成和共享支持。

1. 模型的完整性

BIM 模型的完整性不仅体现在几何和拓扑信息的准确表述上，还包含了丰富、多维的属性信息，这些属性信息包括物理参数（如尺寸、位置、形状）、材料性质（如强度、耐久性）以及受力分析等关键的设计信息，还包含资源配置、成本估算、项目进度、质量控制等施工阶段的关键信息以及运营阶段的监测、维护和调度等数据信息。这种信息的完整性使 BIM 模型不仅是一个视觉呈现，还是一个综合反映项目各方面的全面信息平台。

2. 模型的关联性

在 BIM 模型中，非几何信息与几何对象紧密相关，使模型不仅能够表示物理空间，还能够反映更为复杂的性能关系。例如，更改一个设计元素的尺寸或位置会使模型自动更新与之相关的成本和材料需求信息，这种动态的关联性能够确保模型的整体一致性和准确性，为项目的各个阶段提供准确的参考。

3. 模型的一致性

在整个项目的生命周期内，模型中的信息是唯一的，并且可以根据需要进行修改，但不会出现重复，这意味着所有项目参与者都能参考和更新同一个数据集，从而减少信息冗余，降低潜在错误的可能性。BIM 模型的一致性是确保项目信息流畅和有效共享的关键，是有效协作、高效决策和精确执行的基础。

BIM 模型的这三个核心理念共同构成了一个强大的项目管理工具，不仅是帮助设计师和工程师创建、存储和共享信息的机制，更是支持项目全周期管理的基石。在设计阶段，BIM 能够提供一个详细的参考，帮助团队进行精确和创新的设计；在施工阶段，BIM 能够实现资源配置、进度跟踪和质量控制；在运营阶段，BIM 成为设施管理和维护的关键工具。

（二）BIM 的基本特性

BIM 是以从设计、施工到运营协调包含的项目信息为基础而构建的集成流程，它具有可视化、协调性、模拟性、优化性和可出图性五大特性。

1. 可视化

可视化即"所见即所得"，对于建筑行业来说，可视化的作用非常大。传统的施工图纸只包含各个构件的信息，在图纸上以线条绘制的形式表达，真正的构造形式需要工作人员自行想象。如果建筑结构简单，自然没有太大的问题，但是随着近几年形式各异、复杂多样的设计越来越多，光靠想象就不太实际了。BIM 提供了一种可视化的思路，能够将以往的线条式的构件转变为一种三维的立体实物图形展示在人们的面前。

传统建筑行业也会制作设计方面的效果图，但是这种效果图是分包给专业的效果图制作团队，根据对线条式信息进行识读制作出来的，并不是通过构件的信息自动生成的，因此缺少了同构件之间的互动性和反馈性。BIM 的可视化则是一种能够在构件之间形成互动性和反馈性的可视化。由于整个过程都是可视的，因此 BIM 可用于效果图的展示和报表的生成。更重要的是，通过建筑可视化，相关人员可以在项目的设计、建造和运营过程中进行沟通、讨论和决策。

2. 协调性

协调性是建筑行业中的重点内容，无论是施工单位、设计单位还是业主，都在做着相互协调、相互配合的工作。一旦项目的实施过程出现了问题，各相关人员就需要组织起来进行协调会议，找出施工过程中问题发生的原因及解决办法，然后作出相应的变更、补救措施等来解决问题。在设计时，由于各专业设计师之间的沟通不到位，施工过程往往会出现各种各样的碰撞问题。例如，在对暖通 (供热、供燃气、通风及空调工程) 等管道进行布置时，施工人员可能遇到构件阻碍管线的问题，这种问题是施工中常遇到的碰撞问题。而 BIM 的协调性可以帮助处理这种问题，它可在建筑物建造前期对各专业的碰撞问题进行协调，生成并提供协调数据。BIM 的协调作用不仅包括解决各专业间的碰撞问题，还可以解决电梯井布置与其他设计布置及净空要求的协调、防火分区与其他设计布置的协调以及地下排水布置与其他设计布置的协调等问题。

3. 模拟性

BIM 的模拟性并不是只能模拟、设计出建筑物的模型，还可以模拟难以在真实世界中进行操作的事件。在设计阶段，BIM 可以对设计上需要进行模拟的一些事件进行模拟实验，如节能模拟、紧急疏散模拟、日照模拟和热能传导模拟等。在招投标和施工阶段，BIM 可以进行 4D 模拟（3D 模型加项目的发展时间），即根据施工的组织设计模拟实际施工，从而确定合理的施工方案。此外，BIM 还可以进行 5D 模拟（基于 3D 模型的造价控制），从而满足成本控制的要求。在后期运营阶段，BIM 还可以进行日常紧急情况处理方式的模拟，如地震人员逃生模拟和消防人员疏散模拟等。

4. 优化性

事实上，整个设计、施工和运营的过程就是一个不断优化的过程，在 BIM 的基础上，相关人员可以对不同阶段进行更好的优化。优化通常受信息、复杂程度和时间的制约，其中准确的信息能够影响优化的最终结果，BIM 能够提供建筑物实际存在的信息，包括几何信息、物理信息以及规则信息。对于高度复杂的项目，参与人员由于本身的原因，往往无法掌握所有的信息，因此需要借助一定的科学技术和设备的帮助。现代建筑物的复杂程度大多超过参与人员本身的能力极限，BIM 及与其配套的各种优化工具能够提供对复杂项目进行优化的服务。

基于 BIM 的优化可以完成以下两种任务。

（1）对项目方案的优化。BIM 可以将项目设计和投资回报分析结合起来，实时计算出设计变化对投资回报的影响。这样业主对设计方案的选择就不会停留在对形状的评价上，而是会关注哪种项目设计方案更能满足自身的需求。

（2）对特殊项目的设计优化。大空间随处可见的异型设计（如裙楼、幕墙和屋顶等）看似占整个建筑的比例不大，但是所占投资和工作量的比例往往很大，而且通常是施工难度较大和施工问题较多的地方。BIM 可对这些内容的设计施工方案进行优化，显著缩短工期，降低造价。

5. 可出图性

BIM 不同于二维设计图或者构件加工图，很少出现内容的"错、漏、碰、缺"问题。应用基于 BIM 的三维设计进行工程设计时，设计师通过对建筑物进行可视化展示、协调、模拟、优化，不仅能绘制常规的建筑设计图及构件加工图，还能出具各专业图样和深化图样，以及综合管线图（经过碰撞检查和设计修改，消除了相应错误的图样）、综合结构留洞图（预埋套管图）、碰撞检查报告和建议改进方案。使用 BIM 出图不仅能使工程表达更加详细、方便，还能使出图效率更高。当图样出现问题时，设计师可直接在 BIM 上面修改，大大提高了设计效率。

三、BIM 标准体系

（一）国际标准体系

BIM 标准是在建筑行业内部实施建筑信息建模时遵循的一系列规范和准则，这些标准不仅包括数据模型传递的数据格式，还涵盖了模型中各构件的命名、数据交付的细节程度以及内容与格式的规定。BIM 标准的核心目的是在建筑信息的录入、存储、处理和传递过程中形成一个统一的规则体系，以提高整个行业的工作效率和信息准确性。国际上发布的 BIM 标准主要分为两大类：一类是由国际标准化组织（ISO）等认证机构制定的相关行业数据标准，另一类是各个国家根据本国建筑业发展情况制定的特定国家的 BIM 标准。这两类标准在目的和应用范围上有所不同，但都能够为建筑行业提供统一的工作框架和指南。在行业数据标准方面，BIM 标准主要分为工业基础类（industry foundation class, IFC）、信息交付手册（information delivery manual, IDM）和国际字典框架（international framework for dictionaries, IFD）三大类，这些标准是实现 BIM 价值的三大支撑技术。

1.IFC 标准

IFC 标准由国际协同产业联盟（building SMART international）发布，是面向建筑工程数据处理、收集与交换的关键标准。该标准的核心目标在于解决建筑项目参与方及各项目阶段之间的信息传递和交换难题，特别是从二维数据处理的角度出发，IFC 标准在数据交换与管理方面提供了革命性的解决方案。传统的建设工程项目常常使用多种软件工具，这些工具之间的数据往往并不兼容，导致数据交换困难，信息无法共享。这种情况不仅会降低工作效率，还可能导致项目成本增加。IFC 标准的实施为软件之间建立了桥梁，能够极大地提高数据交换和信息共享的可能性，从而有效提升整个建筑行业的工作效率。IFC 标准的应用还能节省大量的劳动力和设计成本，它通过确保不同软件平台之间的高效协作，能够减少因数据不兼容导致的重复工作和时间浪费，不仅能加快项目的进度，还能提高设计和施工的质量。

2.IDM 标准

随着 BIM 技术的不断推广和应用，人们对于信息共享与传递过程中数据的完整性和协调性提出了更高的要求。在这个背景下，IFC 标准虽然能在促进软件间数据的互操作性方面发挥重要作用，但在满足当前复杂和多样化信息需求方面已显不足。为了应对这一挑战，IDM 标准应运而生，其目的是更有效地定义项目特定阶段的信息需求并将工作流程标准化。IDM 标准的出现解决了 IFC 标准在实际部署过程中遇到的一系列挑战，能够确保那些不熟悉 BIM 及 IFC 的用户收到的信息既完整又准确，并且能够适用于工程项目的特定阶段。

IDM 标准的制定就是为了将收集到的信息进行标准化处理，然后提供给软件开发商，实现与 IFC 标准的有效映射。IDM 标准的实施可以显著降低工程项目中信息传递的失真性，提高信息传递与共享的质量，这对于确保项目的准确性和效率至关重要。例如，在一个大型建筑项目中，不同阶段的设计师、工程师和承包商需要准确、及时地交换信息，IDM 标准通过确保信息的一致性和准确性，能够帮助所有参与方更有效地协作，减少误解和错误，从而提升整个项目的执行效率。IDM 标准还能帮助软件开发商更好地理解建筑项目的具体需求，从而开发出更能满足用户需求的软件产品，这不仅能提升软件的实用性，还能加速 BIM 技术的普及和应用。

3.IFD 标准

在 BIM 的全生命周期中，仅凭 IFC 和 IDM 标准并不能完全满足标准化的需求，这是因为 BIM 的应用涉及广泛的信息交换，其中一个关键挑战是确保信息的无偏差性和一致性。因此，IFD 标准应运而生。IFD 标准可被视为一个与语言无关的编码库，它存储着 BIM 标准中相关概念对应的唯一编码，其核心在于为每一位用户提供所需的无偏差信息，包含了一个信息分类系统以及各种模型之间相关联的机制。IFD 标准通过这种方式，能够有效地解决由于全球语言和文化差异所带来的信息定义困难。在这个标准的帮助下，每一个概念都由一个唯一的标识码来定义，这样即使在不同文化背景下，用户也能通过唯一标识符找到与概念对应的准确信息。这种方法的优势在于，它能为所有用户提供一个便捷的通道来获取和理解信息，同时确保信息的有效性和一致性。在实际应用中，无论是设计师、工程师还是施工团队，都能够通过 IFD 标准中的编码系统快速、准确地获取所需信息，从而大大提高工作效率和项目执行的准确性。在全球范围内，建筑项目涉及多种语言和文化背景的参与方，IFD 标准通过提供一个统一的信息识别和交流机制，能够极大地简化跨文化沟通，减少因语言和文化差异带来的误解和障碍，从而促进国际合作与交流。

（二）国内标准体系

在国内，清华大学软件学院 BIM 课题组参考美国的 NBIMS，提出了中国建筑信息模型标准框架 (China building information model standards, CBIMS)，框架包含了 CBIMS 的一系列标准（包括数据存储标准、信息语义标准、信息传递标准以及 CBIMS 的实施标准），从资源标准、行为标准和交付标准三方面规范了建筑设计、施工、运营三个阶段的信息传递。

此外，国家也正在加快标准化进程以及信息化标准的编制，其中《建筑信息模型应用统一标准》《建筑信息模型分类和编码标准》《建筑信息模型存储标准》《建筑信息模型设计交付标准》《制造工业工程设计信息模型应用标准》《建筑信息模型施工应用标准》均为我国现行的 BIM 标准体系。

第二节　BIM 技术在装配式中小学建筑设计中的应用

一、BIM 技术在装配式建筑设计中应用的理论基础

（一）装配式建筑设计中存在的问题

装配式建筑作为未来建筑行业的重要发展方向，不仅符合我国的国家政策导向，还具有生产周期短、结构性能优越等显著优势。更重要的是，装配式建筑还能带来良好的经济效益和社会效益。未来，装配式建筑将在住宅、公共建筑、商业大厦、工厂厂房等多个领域得到广泛应用。但随着经济和社会的发展，建筑设计的要求也日益提高，装配式建筑的设计过程面临新的挑战。

1. 设计灵活性有限

装配式建筑在建筑行业中以其高效率和成本效益而闻名，但它在设计灵活

性方面存在一定的局限性，主要表现在以下几个方面。

第一，预制构件的标准化带来了制造和施工的高效性，但也限制了设计的个性化和灵活性。预制部件通常是在工厂按照既定尺寸和形状生产的，这意味着它们在尺寸和外观上的多样性有限，当面对特别的设计要求或需要特定形状和大小的构件时，预制构件可能无法完全满足需求。这种情况在处理不规则的地块或需要独特建筑风格的项目时尤为明显。

第二，设计师在采用装配式建筑时，可能会受到预制部件可用选项的限制。为了适应标准化构件，设计往往需要进行调整，这可能会导致最终建筑失去一些原有的创意或特色。

第三，对于那些需要特殊设计考虑的项目（如考虑到特定的环境因素、文化特征或历史背景的建筑），装配式建筑可能难以适应，这是因为预制构件的标准化形式可能难以充分表达这些独特的设计需求，从而导致最终建筑无法完全融入其所在的环境或文化背景。

第四，装配式建筑在处理复杂的建筑元素时也存在挑战。例如，曲线形状、非标准角度或特殊的设计元素往往难以通过标准化的预制构件来实现，这可能导致在实现特定设计概念时需要寻找替代方案或使用传统的现场建造方法，从而降低了装配式建筑的效率优势。

2. 结构接合问题大

结构接合问题在装配式建筑中尤其关键，因为这种建筑方式的整体性能和耐久性很大程度上依赖于预制构件之间的有效连接，接合处如果处理不当，往往就会成为建筑结构的薄弱环节，带来一系列问题。不当的接合可能导致雨水和湿气涉入建筑结构内部，导致水损害、霉菌生长和其他相关问题，使建筑物的防水性和气密性降低，这不仅会影响建筑物的结构完整性，还可能对室内空气质量造成负面影响。不当的接合还可能导致热桥效应（所谓的热桥是指建筑结构中的热传导率比周围区域更高的地方，通常出现在构件连接点），热桥效应会导致室内温度不均匀，增加能源损失，导致凝结水形成，这不仅会影响建筑的热效率，还可能导致结构损伤和霉菌问题。

此外，接合处如果接合不够牢固或设计不当，可能会影响整体结构的稳定性和承载能力，在面对自然灾害（如地震或强风）时，这些接合处可能会成为首先发生故障的部分，从而危及整个建筑的安全。

3. 施工和管理困难

装配式建筑的施工和管理要求之所以高，是因为这种建筑模式的核心在于精确度和预制构件的高度协调，施工过程中的任何小误差都可能导致严重的后果，不仅会影响建筑质量，还可能导致项目延误和成本增加。

装配式建筑的施工过程对精确度的极高要求主要体现在制造预制构件时必须严格按照设计图纸的尺寸和规格来制造，这就需要高度精确的制造技术和严格的质量控制流程，可以确保预制构件到达施工现场后完美匹配，确保整体结构的稳定性和完整性。

装配式建筑施工管理的复杂性主要体现在项目经理必须协调多个环节，包括构件的制造、运输、存储以及现场组装，这不仅要有一个精确的时间表和物流计划，还需要高效的沟通机制以确保所有团队成员之间的信息流畅，任何在计划执行中的失误（如运输延迟或现场准备不足）都可能导致项目进度受阻。

（二）装配式建筑设计应用 BIM 技术的可行性

从当前装配式建筑所面临的诸多挑战来看，传统的建筑设计方法已经难以完全满足这种建筑方式对"标准化设计、工厂化生产、装配化施工、一体化装修和信息化管理"等方面的高要求。在这种背景下，BIM 技术成为建筑行业关注的焦点，它能够有效应对上述挑战，是实现国家推动的建筑业信息化的关键工具。BIM 技术之所以能够在装配式建筑领域中发挥重要作用，主要得益于以下几个特点。

1. 精确的建筑模型设计

BIM 技术提供了精确的三维建筑模型设计能力，这使设计师可以在设计阶段就考虑到每一个细节，从而减少施工过程中的修改和返工。这种精确性特别适用于装配式建筑，因为装配式建筑的构件和部件需要在工厂内预先制作，对尺寸和细节的精度要求极高。

2. 信息的集成

BIM 技术能够集成各个设计专业和生产过程中的信息，确保从设计到生产再到施工的每个环节都能够无缝对接，这种信息集成能力对于提高整个建筑过程的效率至关重要。

3. 建筑构件的标准化设计

BIM 技术支持建筑构配件的标准化设计，可以实现部件的规模化生产，进而提升整体建筑质量，这对于降低成本、提高生产效率和质量具有重大意义。

BIM 技术的这些特点使 BIM 技术成为装配式建筑设计、生产、施工和管理全过程的理想选择。BIM 技术不仅可以提高建筑项目的设计质量和施工效率，还可以在整个建筑的生命周期中实现更有效的管理和维护。例如，在施工阶段，BIM 技术可用于模拟施工过程，帮助识别和解决潜在的问题，从而确保施工的顺利进行；在建筑物的运营和维护阶段，BIM 技术可以作为一个重要的信息资源，用于设施管理和维护决策。

（三）BIM 技术在建筑设计中应用的工具

建筑设计是一个复杂的过程，涉及建筑物内部的使用功能和空间安排、建筑与环境的协调、艺术效果的创造以及细部构造的具体实现。BIM 技术可以在这个过程中提供强大的支持，使建筑设计更加精确、高效。BIM 建筑设计工具的种类繁多，每种工具都针对设计流程的不同阶段和需求。

在方案初设阶段，建筑师和业主通常需要利用三维模型和环境艺术图片来展示和优选初步设计方案。此时，BIM 方案设计软件（如 Onuma Planning System 和 Affinity 软件等）发挥着重要作用，这些软件能够快速生成初步设计的可视化效果，帮助决策者更好地理解和选择方案。

对于体型复杂或体量大的建筑，专门的几何造型软件（如 SketchUp 和 Rhino 软件）变得尤为重要，可用于建筑形态的精细化设计和分析。虽然这类软件通常不直接属于 BIM 软件范畴，但它们与 BIM 软件的兼容性和通用接口可以使整个设计流程无缝集成。

在建筑设计阶段，通过效果图评价建筑方案是常见的做法，其中 Autodesk 3D MAX 和 Lightscape 软件等基于 BIM 技术的建筑效果可视化软件能够渲染精确的三维模型，模拟真实建筑效果，使业主和设计师能够及时对建筑方案作出调整。

当建筑主体方案确定后，设计流程进入更为详细的建筑设计和设计信息记录阶段，BIM 软件在这个阶段的功能尤为关键，包括建筑模型的建立、施工图的绘制和预制构件的管理等。常见的 BIM 建筑设计工具包括 Autodesk Revit Architecture、Bentley、ArchiCAD 等，这些工具不仅能够提供高效的设计和绘图能力，还支持多方面的项目管理和协调，能够确保设计信息的准确性和一致性。

此外，随着 BIM 技术的发展，越来越多的工具和功能被集成到 BIM 软件中（如能源分析、材料成本估算、项目时间规划等功能），极大地提升了 BIM 软件在整个建筑项目中的应用价值。通过这些工具，建筑师不仅能够设计出满足美学和功能要求的建筑，还能够确保建筑的可持续性和经济效益。

二、基于 BIM 技术的装配式建筑设计

（一）装配式建筑设计流程

装配式建筑的设计阶段是整个建筑过程中的关键环节，设计核心在于这些预先制造的构件，这些构件需要在施工现场被快速且准确地拼装起来，形成完整的建筑结构。因此，预制构件的设计质量直接决定了施工阶段的效率和最终建筑的质量。预制构件的设计过程是一个需要多角色密切协作的复杂任务。与传统的建筑设计流程相比，预制装配式建筑对信息传递的准确性和及时性有更高的要求。因此，设计团队需要考虑构件的制造、运输、装配及其在建筑整体中的作用，综合考虑材料学、结构工程、建筑学和物流等多个方面的知识。

传统建筑设计流程通常先由土建专业人员建立建筑方案设计模型，然后与机电专业人员协作，依次进行项目各阶段的设计和建模工作，最终形成施工图设计模型。而在预制装配式建筑中，设计流程需要作出相应的调整和优化，以适应预制构件的特性。例如，设计流程中需要加入预制构件的选择环节，这通常涉及从一个预设的构件库中提取合适的构件，或者根据项目的特定需求定制新的构件。确定构件类型后，设计人员需要进行预制构件的初步设计，这一阶段需要详细考虑构件的尺寸、形状、材料和结构强度等方面。之后进行的是预制构件的深化设计，这个环节更加关注细节，包括构件的连接方式、耐久性和兼容性等。

BIM 技术在工程项目管理中的应用能够协调项目的不同业务部门和专业领

域，通过一个共享的、动态更新的参数模型，提高项目的透明度和协同效率，为解决项目各个阶段中遇到的问题提供强大的信息化技术支持。但 BIM 技术的有效运用也面临着一系列挑战，如项目中的不同参与方（如业主、设计方和承包商）都需要在同一个参数模型上协同工作，这种协同工作方式如果没有合理的设计流程和组织管理，可能导致协调困难和频繁的返工，从而降低整体工作效率。因此，在项目研发设计阶段，设计师应当根据 BIM 技术的特性及其在设计阶段的作用来定制设计流程，然后利用 BIM 技术的三维可视化特性和模拟分析功能实现更全面的视角和更深入的分析，从而优化整个设计过程；同时合理设置 BIM 中的参数属性，以确保设计阶段的成果能够满足后续阶段的深化和应用需求。

在整个 BIM 设计流程中，方案设计、初步设计、施工图设计以及构件深化设计是四个关键阶段，在预制装配式建筑项目中，预制构件设计的重要性更加明显。在初步设计阶段，设计团队需要确定预制构件的类型和尺寸，这是实现批量生产和提高效率的基础。合理选择预制构件类型和尺寸不仅能实现生产的规模化和标准化，还能体现工业化生产的优势，如成本效益、质量控制和施工速度。因此，在这个阶段，设计决策必须考虑到材料的可用性、成本、环境影响以及最终的建筑性能。

构件深化设计阶段是整个 BIM 设计流程中的关键环节，它要求将土建、机电、建材、施工以及生产等多方角色的需求和标准集成到设计中，也正是在这个阶段，构件的每个细节（如开洞留孔、预埋件、防水保温层、配筋以及连接件等）都需要被精确计算并纳入设计。

构件深化设计成功的关键在于如何有效地将各方的需求转换为实际可操作的模型和图纸，这要求设计师具备跨学科的知识和协调能力，能够理解并平衡各方的需求，并在设计中妥善处理可能出现的冲突和限制。此外，有效的沟通和协作机制也至关重要，能够确保所有相关方在整个设计过程中保持信息的同步和一致性。

（二）基于 BIM 技术的装配式中小学建筑设计

1. 方案设计阶段

方案设计阶段是中小学装配式建筑项目发展中的一个至关重要的步骤，在这一阶段，设计师需要深入考虑教育建筑的特定功能需求，包括教室布局的合理规划、学生活动空间的设计等，以确保设计能适应不同的教学活动，激发学生的学习兴趣，确保安全。BIM 技术在这个阶段发挥着十分重要的作用，设计师通过使用 BIM 技术，可以构建一个详细的三维模型，直观地展现出建筑方案的每一个角落，包括教室内部的视角和整个校园的鸟瞰图。这种可视化使非专业人士（如教育管理者和教师团队）不仅能够更容易地理解和参与到设计过程中，还能提出实际的反馈和建议，以更好地满足教育需求，提升使用者体验。

BIM 技术在方案设计阶段的应用还扩展到了对校园现有环境的详细分析上，包括对场地的地形、周围的建筑以及道路和交通流量的研究，这样的分析能够确保新建筑不仅在功能上与校园其他部分和谐统一，在视觉和美学上也与周围环境相融合。BIM 软件中的模拟功能可以预测建筑在不同时间和季节下的表现情况，如自然光照的变化、能源效率和声学效果，这对于创造一个舒适和促进学习的环境是至关重要的。

2. 初步设计阶段

在中小学建筑项目的初步设计阶段，设计团队不仅需要将概念方案转化为具体的建筑设计，还要通过更精细的规划来满足建筑的结构和机能要求，BIM 技术的运用成为确保设计质量和未来建筑运营效率的关键。BIM 技术允许设计师深入探索各种建筑系统（包括供暖通风空调、电气布线、水管和排水系统以及校园日常运行的系统基础），创造一个舒适且适合学习的环境。设计团队通过 BIM 模型能够确保所有系统不仅在技术上先进，还能在经济上实现可持续发展。例如，设计团队通过对供暖通风空调系统进行详细规划，可以实现能源的高效使用，减少能耗，从而降低学校的运营成本。BIM 中的分析工具还可以帮助评估建筑的能源性能，确保设计符合现行的能源效率标准。

在空间规划方面，中小学建筑设计需要具有足够的灵活性，以适应不同的教学活动和学生人数的增减，设计师可以通过 BIM 技术模拟和评估不同的空间配置方案。例如，可移动的隔墙系统和多功能的教室设计可以让学校空间根据教学需要快速转换，从而提供更大的灵活性和适应性。设计师可通过 BIM 的三维视图和模拟功能预测不同布局变化对教学和学习活动的影响，从而作出更为明智的决策。

BIM 技术在初步设计阶段的应用还涉及对建筑物的耐久性和安全性的考虑，在一定程度上能够确保建筑结构的安全性能，以抵御自然灾害和日常使用中可能出现的损害。工程师可以在设计阶段就识别到潜在的结构问题，及时提出有效的解决方案。

3. 施工图设计阶段

施工图设计阶段是中小学装配式建筑项目中极为关键的一环，它标志着设计工作从概念走向现实的落地执行。在这个阶段，BIM 技术的运用显得尤为重要，它直接关系到施工的效率和成本控制，尤其是在预制和装配式建筑中。换言之，设计团队通过 BIM，能够生成精确的施工图纸和详细的施工细节，为后续的制造和施工过程提供清晰的指导。

在中小学建筑项目中，施工图不仅要体现建筑物的详细尺寸和结构，还要包含各种安装细节，这些能确保在施工现场高效、准确地组装各个预制部件。BIM 技术能够向施工人员提供构件间的精确配合，方便施工团队在预制工厂中精确地制作这些部件，并在施工现场迅速将它们组装起来，大大缩短施工时间，降低施工成本。BIM 中的碰撞检测功能可以提前识别和解决可能的问题，避免在施工现场出现返工和修改，这对于控制预算和保证项目按时完成至关重要。BIM 的应用还能够促进项目团队之间的沟通和协调，它能为所有参与者提供一个共享的信息平台，所有项目参与方都能够访问相同的模型和数据，这种透明度不仅能提高决策的质量，还能缩短决策时间，加快问题的解决速度。

随着时代发展，中小学建筑项目往往需要考虑未来校园的扩展或改造，这就要求现阶段的设计必须具有一定的灵活性和适应性。BIM 技术在这方面可以提供巨大的帮助，它能够让设计师考虑到未来的变动，预设可拆卸和可重组的构件，从而在未来校园需要扩建或功能调整时能够最小化干扰和成本。

4. 构件深化设计阶段

在中小学装配式建筑项目中，构件深化设计阶段扮演了一个将精心设计的图纸转换为实际可施工和可制造元素的桥梁角色，这一过程不仅关乎构件本身的设计，还关乎如何通过这些构件营造一个适合教学和学习的环境。在这个阶段，设计的每个细节都应被审视并优化，以确保当预制构件在工厂制造后，能够在施工现场无缝对接和快速安装。

BIM 在构件深化设计中的应用尤为重要，它能提供一个多维度的视角来查看和检验预制构件。通过 BIM，设计师能够对构件的接缝处理进行细致规划，这对于确保建筑的气密性和水密性至关重要。在中小学校园中，由于频繁的学生活动和噪声问题，隔声成为一个不可忽视的设计要求，BIM 允许设计师在模型中模拟声音传播，以确保教室和学习空间能提供一个安静的学习环境。

对装配式中小学建筑来讲，特殊的教育环境需要搭配黑板、投影仪以及专属教学墙，这些设施的安装都需要在这一阶段详细考虑。BIM 技术能够帮助设计师预设这些元素的确切位置和安装方式，确保它们的功能性和耐用性，这一点对于中小学教育特别重要，因为教学设施的布局能够直接影响教师的教学效率和学生的学习体验。

此外，在整个构件深化设计阶段，BIM 还可以作为协作平台，促进设计师、工程师、制造商以及施工团队之间的沟通和信息共享，每一位参与者都可以访问到最新的设计信息，及时提出问题和建议，实现问题的快速解决。当预制构件完成后，BIM 中详尽的数据可以直接导入制造机器，实现自动化和精确化生产，大大提高制造的效率和准确性。

第三节　BIM 技术在装配式中小学建筑施工与运维中的应用

一、BIM 技术在装配式中小学建筑施工阶段的应用

装配式建筑作为一种现代建筑模式，近年来在政府的大力推动下迅速发展，这种建筑方式不仅提高了建筑效率和质量，还在可持续发展方面展现了巨大潜力。与传统的建筑施工方法相比，装配式建筑在施工阶段的管理面临更多挑战，如施工技术要求更高、项目管理需要更加精细和高效。在这种背景下，基于 BIM 的施工管理模式成为解决这些挑战的关键。

BIM 技术在装配式建筑施工管理中的应用改变了传统的管理模式。通过整合 BIM 信息模型、BIM-4D（时间管理）和 BIM-5D（成本管理），施工管理

变得更加智能化和精细化，能有效地协调施工质量、进度、安全和成本这四个核心目标，这些目标之间存在着复杂的对立与统一关系：追求快速的施工进度可能会牺牲质量和安全，而高标准的质量要求可能会增加成本并延长工期。而BIM 技术的应用能够帮助项目管理者更好地平衡这些目标，它通过精确的规划和实时的监控，能够确保施工过程的快速、高质量、低成本和安全。

在实际施工过程中，BIM 技术的应用还可以对施工现场环境进行模拟并预判施工突发状况。换言之，管理人员可以利用 BIM 进行详细的施工模拟，预测可能出现的问题和挑战。例如，BIM 可以用来模拟施工现场的布局，确保材料和设备的有效分布，减少现场混乱；BIM 能够模拟不同天气条件下的施工情况，帮助管理团队提前做好应对措施，避免因天气等外部因素导致的施工延误；BIM 还可以模拟不同的施工方案，评估每种方案的效率和风险，从而方便管理人员选择最佳的施工路径，这不仅有助于保障施工进度，还能提高整体工程质量。

（一）基于 BIM 技术的施工信息模型的构建

基于 BIM 技术的施工信息模型的构建是一个系统化的过程，旨在创建一个全面、多维度的数字表示形式，涵盖建筑项目的所有方面。这个过程可以分为以下几个关键步骤。

1. 收集和整合设计信息

施工信息模型的构建需要项目团队从各个设计领域收集大量详细的资料和数据，这些数据包括建筑的基本图纸（如平面图、立面图和剖面图）、建筑结构、机电和管道系统等。可以说，收集和整合设计信息是构建施工信息模型的基础和起点，它的重要性不言而喻。因此，在这一过程中，项目团队必须确保所有收集的信息既全面又准确。例如，平面图不仅需要展示建筑的布局，还要详细标注房间的用途、尺寸和与其他空间的关系；立面图需要展示建筑外观（包括窗户、门和其他建筑元素）的细节；剖面图需要展示建筑的垂直切面，显示楼层间的关系以及楼梯、电梯等立体交通流线的布局；机电和管道系统的详细信息（包括管道布局、电气接线、通风系统的配置等）也必须精确无误地集成到 BIM 中，以确保建筑的功能性和舒适性。这些信息也能为后期的维护和运营提供关于建筑内部系统如何运作的重要线索，有助于后期工作的顺利开展。

在整合这些信息时，确保数据的一致性和完整性是一个巨大的挑战，因为所有数据是由多个设计团队提供的，所以各个设计团队需要密切协作，确保不同领域的设计师能够及时交换信息，并解决任何潜在的矛盾或问题。通过这种全面且细致的信息收集和整合，BIM 能够成为一个真实反映设计意图的详尽资源，这些信息在 BIM 中不仅能以图形形式呈现，还包括与之相关的数据（如材料属性、规格和其他重要参数），这不仅能为施工阶段提供坚实的基础，也是保证项目成功的关键一步。

2. 创建三维模型

创建三维模型是 BIM 技术应用中的核心步骤，它将设计阶段的静态图纸和数据转换为一个动态、交互式的三维空间表现，不仅能为项目参与者提供一个直观的视觉参考，还能为后续的设计审查、施工规划和运营管理打下基础。

设计师通过使用 Autodesk Revit 或 Bentley Systems 等 BIM 软件，可以根据收集的设计信息（包括平面图、立面图和剖面图等），构建一个详尽的三维模型，这个模型能够精确地呈现建筑物的每一个角落，包括建筑的外部形态和内部结构。不同于传统的二维设计图，三维 BIM 能提供更加丰富的信息和更高层次的细节，不仅能显示墙体的位置和高度，还能展示墙体的材料属性、厚度和其他相关特性。除了建筑物的物理结构，BIM 模型还综合了建筑的各种系统，如机电和管道系统、供暖通风和空调系统等，这些系统在模型中能够以高度详细的方式呈现，包括管道的走向、电缆的布局以及设备的具体位置。这种集成确保了设计的各个方面都能在一个统一的平台上得到考虑，从而优化整体设计效果。

3. 添加时间和成本数据

将传统的三维模型转化为一个全面的项目管理工具的关键步骤是将时间（4D）和成本（5D）数据整合到 BIM 中，这种整合能够极大地提升项目管理的效率和效果，使整个建筑项目的每一个方面都变得更加透明和可控。

在 BIM-4D 中，施工时间表被直接整合到了 BIM 中，这意味着时间成为模型的一个关键维度，整个建筑项目的时间线和各个阶段的关键时间节点均能实现可视化。这种可视化对于项目规划和调度至关重要，它能使项目管理者清楚地看到每一个施工活动如何在时间上相互关联，如管理者通过 BIM-4D 可以准确地规划材料的送达时间，以确保施工现场的高效运作。也正因如此，设计团队可以预见潜在的时间冲突和延误，并提前采取措施来避免这些问题。

BIM-5D 通过将项目的预算信息和实际成本数据（如材料成本、劳动力费用和设备使用费用等数据）整合到 BIM 中，将成本变成了 BIM 的另一个维度。基于此，项目团队可以更好地监测和控制成本，而管理者可以在项目的任何阶段访问详细的成本信息，并与项目进度和规划进行比较。这种实时的成本监控使项目团队能够及时识别预算超支的风险，并采取必要的措施来控制成本。

4. 集成分析工具

在施工信息模型中集成分析工具是 BIM 技术应用的一个关键环节。通过利用各种先进的分析工具，设计师和工程师能够在实际施工之前对建筑进行全面的模拟和评估，从而优化设计，提高建筑性能，并最大限度地降低风险，这一步骤在整个建筑设计和施工过程中扮演着至关重要的角色。

能源效率分析可以模拟建筑在不同条件下的能耗水平，包括照明、供暖、通风和空调系统的能耗。利用这些分析结果，设计团队可以调整设计方案，如改善建筑的保温性能、选择更加高效的机械设备、优化建筑的朝向和窗户布局以提高自然光的利用率并减少能源浪费。这种优化不仅有利于降低运营成本，还有助于实现可持续发展的目标。

结构分析可以帮助工程师在数字模型中测试建筑的结构强度，评估其对风载、雪载、地震等自然力的反应，有助于在施工前识别潜在的结构问题，并及时进行调整。这种预先的分析和优化可以大大减少施工中的修改，提高施工效率，确保建筑的长期安全性。

环境影响分析同样是集成分析工具的重要组织，主要用于评估建筑对周围环境的影响，如对当地生态系统的影响、水资源的管理以及建筑材料的可持续性。通过对这些因素的综合考虑，设计团队可以制定更加负责任和可持续的建筑方案。

5. 协作与信息共享

在现代建筑项目中，特别是涉及复杂和技术性强的项目（如装配式建筑），协作和信息共享是项目成功的关键。施工信息模型可以作为多方参与者共享和协作的平台，提供一个统一的信息源，确保所有项目参与者都能够访问到最新、最准确的项目数据。项目团队可以利用 Autodesk BIM 360 等 BIM 协作工具实时访问和更新 BIM，将所有的设计更改、新的施工信息或者项目更新快速地传达给所有相关方。这种实时的信息流通不仅能提高工作效率，还能减少误解和错误，确保每个团队成员都基于相同的、最新的信息进行决策和工作。这里需要注意，信息共享的前提是实时更新，因为随着施工的进行，现场的实际情况可能会与最初的计划有所不同，只有通过 BIM 的实时更新，项目团队才可以持续跟踪施工进度、变更订单和实际成本。例如，如果在施工过程中发现某个设计方案不可行或成本超出预算，项目团队可以及时进行调整，这种灵活性和响应速度是传统施工方法难以比拟的。同样，任何施工现场的突发事件或延误都可以迅速反映在模型中，允许管理团队快速作出响应并采取适当措施。

（二）基于 BIM 技术的装配式中小学建筑的施工过程

1. 施工准备阶段

在中小学装配式建筑项目中，施工准备阶段是确保整个建筑过程顺利进行的关键步骤，项目团队在这一阶段可以利用 BIM 技术在施工开始前就对整个建筑过程有一个全面的规划，评估不同的施工方法和方案，并从中选择最适合的施工技术和流程。项目团队还可以通过 BIM 进行详细的施工序列规划和资源分配，确保施工过程中资源的最优使用和时间表的遵循。

BIM 技术还允许项目团队模拟施工现场的布局，这一点对于中小学建筑项目来说尤其重要，因为学校建筑通常包括多个功能区域（如教室、办公室、体育设施等），在施工前对这些区域进行有效的布局规划可以确保施工期间的安全和效率。通过 BIM，团队可以预先规划各个区域所需要的材料和设备，确定最佳的材料存放位置以及施工机械的运动路线，减少施工现场的混乱，提高施工效率。

在施工准备阶段，BIM 技术还可以实现设计施工人员与供应商和承包商的沟通，通过共享详细的 BIM，让所有相关方都可以对施工计划有一个清晰的认识，减少误解和沟通不畅带来的问题。

2. 施工进度管理阶段

BIM 技术在装配式中小学建筑的施工进度管理中的应用不仅能提高项目管理的效率，还能显著提升施工过程的精确度和可预测性。

在装配式建筑中，预制构件的生产和安装时间对整个项目进度有着直接影响。通过 BIM，项目管理者能够清晰地理解每个构件的制造和安装顺序，有助于确保施工过程按照预定的时间表顺利进行。换言之，BIM 可以确定何时需要特定的构件，以及这些构件的安装位置和方法。这种精确的时间规划能够使整个施工过程更加有序，减少因等待材料或设备而产生的空闲时间。可以说，BIM 作为一个多维度的信息资源，能够为施工进度的精确规划提供基础。

随着施工的进行，项目团队可以实时更新 BIM，包括记录已完成的工作、即将进行的任务和任何遇到的问题，清楚掌握实际的施工进展。项目管理者可以通过这种实时更新，及时调整施工计划，以应对现场变化和挑战。例如，如果某个施工环节出现延误，管理者可以立即查看 BIM，评估延误对整个项目进度的影响，并快速作出调整。

此外，BIM 作为一个共享的信息平台，还能够有效地支持项目团队在施工过程中的沟通和协作，设计师、工程师、承包商和施工团队通过密切协作，能够确保每个步骤都按照计划执行，减少误解和冲突。

3. 施工成本管理阶段

在建筑行业中，成本控制一直是一个挑战，尤其是在涉及精确和高效施工的装配式项目中。BIM 技术的应用能够极大地提升成本管理的精确度和效率，从而确保项目在预算范围内顺利完成。

在装配式中小学建筑项目中，BIM 技术可以帮助项目团队在项目开始之前就完成详细的成本估算，准确地计算出所需材料的数量、类型和成本，以及工时和设备的预计费用。这种详细的预算编制过程对于确保项目财务的健康至关重要，可以在项目开始前就识别潜在的成本超支风险。

随着项目的进行，项目管理者可以利用 BIM 实时跟踪支出情况，并与预算进行比较，及时识别和解决任何偏差，这种实时的成本管理对于防止成本失控至关重要。例如，如果某个施工阶段的成本超过预算，项目团队可以迅速调整施工计划或材料选择，以减少额外支出。项目团队基于 BIM 可以准确预测材料需求，避免不必要的材料浪费和仓储费用，这有助于优化采购流程，进一步控制成本。

在装配式建筑项目的施工过程中，BIM技术能够提供详尽的施工信息，包括每个构件的尺寸、位置和安装顺序，这有助于提高施工精度，减少现场错误和后期的修改，还能避免项目延期，对于保持项目预算至关重要。

4. 施工安全管理阶段

在装配式中小学建筑项目中，施工安全管理不仅关系到工作人员的安全，还能影响到整个项目的顺利进行。在这一阶段，BIM技术可以为施工现场的安全提供强大支持。项目团队应用BIM技术可以在施工前进行全面的安全规划和风险评估，从而在施工开始前就识别可能的安全隐患，如高空作业的风险、机械设备操作的危险区域以及施工现场的潜在拥挤问题。这种预先的风险评估允许团队制定针对性的安全措施，如安全网的设置、安全通道的规划以及紧急疏散路线的设计。

在装配式建筑项目中，由于施工速度快，现场情况可能迅速变化，而BIM技术可以对施工过程中可能出现的变更进行动态安全评估，通过实时更新，反映当前的施工状态，这对于及时调整安全措施至关重要。例如，如果某个施工阶段比预期提前完成，项目团队可以立即重新评估随之而来的新的安全风险，并相应调整安全措施。

BIM技术在装配式建筑中的另一个重要应用是能够实现施工现场的实时监控，通过集成的传感器和监控系统，项目团队可以实时监测施工现场的条件（如天气变化、设备运行状态以及工人的位置），这种实时监控有助于及时发现问题，防止事故发生。BIM技术可以在项目完成后为后续的安全评估和审查提供重要数据，项目团队也可以利用BIM技术回顾整个施工过程，分析安全事故发生的原因，从而在未来的项目中采取更有效的预防措施。

二、BIM技术在装配式中小学建筑运维阶段的应用

（一）基于BIM技术的设备管理

在装配式中小学建筑项目中，设备管理是一个关键环节，它直接影响着建

筑的运营效率和安全性。BIM 技术在这一阶段的应用可以显著提升设备管理的效率和准确性，确保学校设备的长期可靠性和持续性。

BIM 技术在设备管理中的主要作用在于能够提供一个全面和详细的设备信息数据库，这个数据库囊括了每一个设备的规格、位置、安装时间和预期使用寿命等关键数据，这些数据信息对于确保设备的正确运行和维护至关重要。例如，通过 BIM 技术，管理者可以迅速了解学校的供暖、通风和空调系统的配置，包括每个系统组件的具体型号和安装位置，这种信息的透明性不仅便于日常维护工作，也有助于在出现故障时快速定位和解决问题。管理团队通过 BIM 技术还可以预测各种设备的维护需求，安排定期的检查和维护工作，确保这些关键系统始终处于良好的运行状态。

（二）基于 BIM 技术的能源管理

在装配式中小学建筑的运营过程中，能源消耗是不可避免的。BIM 技术在能源分析和优化方面可以为学校管理者提供强大的支持工具，通过利用 BIM 技术进行能源管理，学校不仅能够降低运营成本，还能提高整体能源效率，从而实现更加可持续的运营模式。

学校管理者可以基于 BIM 技术制定一个学校建筑能源管理的详细框架，框架应包括建筑的所有相关信息，如建筑材料的隔热性能、窗户和门的隔热特性以及供暖、通风和空调系统的具体配置。通过分析这些信息，学校管理者可以对建筑的性能有一个全面的了解，进而实现能源的优化使用。BIM 技术可以对学校建筑的能源消耗进行详细的模拟和分析，方便管理者通过模拟不同季节的热负荷和冷却需求识别能源使用的主要驱动因素，消除能源使用的最大源头。BIM 技术还可以用来评估不同的能源节约措施的效果，如增加隔热材料、改进窗户的隔热性能或者升级供暖通风和空调系统，这种基于数据的分析方法允许管理者作出明智的决策，选择最有效的能源节约策略。

在建筑的日常运营中，BIM 技术可以通过集成的传感器和监控系统进行实时的能源监测和管理，方便学校管理者实时跟踪能源消耗，识别异常模式，如意外的能源浪费或设备故障。这种实时监控不仅有助于及时修复问题，还有助于持续提高能源使用效率。

随着技术的发展，BIM 技术还可以支持更先进的能源管理策略，如利用建筑自动化系统进行能源优化或者集成可再生能源解决方案，这些先进的策略不仅能进一步降低能源成本，还能提高学校建筑的可持续性。

（三）基于 BIM 技术的资产管理

在装配式中小学建筑项目中，资产管理是确保长期运营效率和维护建筑价值的关键环节，在这一阶段应用 BIM 技术可以为资产管理提供前所未有的准确性和便利性。学校管理者可以通过 BIM 技术获得建筑内设备和材料的规格和位置以及它们的维护历史和当前状态的所有资产的详细记录，有助于全面管理。

BIM 技术在资产管理中的应用主要通过一个全面的资产数据库实现，这个数据库包含了学校建筑中所有重要资产的详细信息（如教室内的电子设备、体育馆的体育器材以及供暖通风和空调系统的各个组件），还将每个资产的具体位置、规格、安装日期和供应商信息记录在 BIM 中，这种详细的记录能够使资产管理更加系统和高效。管理者可以轻松地找到任何资产的具体信息，根据资产的使用寿命和维护需求的记录提前规划维护活动，确保每个资产都能够在最佳状态下运行。这种预防性维护策略不仅有助于减少紧急修理的需求和成本，还有助于延长资产的使用寿命，从而提高学校的整体运营效率。

在建筑的日常运营过程中，学校管理者应用 BIM 技术还可以对学校的资产进行实时监控，掌握所有资产的实时状态和性能，这种实时监控和响应机制对于维持学校运营的连续性至关重要。例如，如果某个系统的某个部件开始表现出故障迹象，BIM 可以立即提醒维护团队，从而及时进行修复。

随着技术的发展和学校需求的变化，一些设备可能需要更新或替换，项目团队可以利用 BIM 技术评估现有设备的性能和使用状况，制定合理的更新计划。例如，如果模型显示某个老化的空调系统效率低下，管理团队可以决定更换更节能的新型号。当然，设备的更新和替换需要多方调协，BIM 技术的共享平台恰好可以为学校管理者、维护团队和供应商实时共享设备信息，确保所有相关方都能基于相同的数据作出决策，提高设备管理的效率和效果。

参考文献

[1] 刘丘林，吴承霞.装配式建筑施工教程 [M].北京：北京理工大学出版社，2021.

[2] 王昂，张辉，刘智绪.装配式建筑概论 [M].武汉：华中科技大学出版社，2021.

[3] 庞业涛.装配式建筑项目管理 [M].成都：西南交通大学出版社，2020.

[4] 叶浩文.装配式建筑标准化设计指南 [M].北京：中国建筑工业出版社，2019.

[5] 付国良.装配式居住建筑标准化系列化设计 [M].北京：中国建筑工业出版社，2021.

[6] 张宗尧，李志民.中小学建筑设计 [M].北京：中国建筑工业出版社，2009.

[7] 樊则森.从设计到建成 装配式建筑 20 讲 [M].北京：机械工业出版社，2018.

[8] 郑志刚，华晶晶，张士前，等.基于全过程系统集成的装配式建筑标准化设计 [J].建筑结构，2023，53（增刊 1）：1183-1189.

[9] 李肖，曹静，陈诗琳.装配式建筑标准化设计方法工程运用探讨 [J].大众标准化，2023（10）：55-57.

[10] 李先军，贺雨薇.美国现代中小学建筑空间设计的发展历程及启示 [J].比较教育学报，2023（2）：79-91.

[11] 王林，陈孟鸿，钟伟，等.基于 BIM 技术的装配式建筑装修一体化设计及措施探讨 [J].中国建筑装饰装修，2023（13）：64-66.

[12] 刘彬艳，刘宇波，邓巧明.中小学教室采光指标与中小学建筑设计相关性研究 [J].住区，2022（6）：142-152.

[13] 佚名.重庆出台中小学校装配式建筑标准化设计导则 [J].建筑技术开发，2022，49（21）：60.

[14] 余周，张陆润，薛尚铃，等.装配式中小学建筑标准化设计方法 [J].重庆大学学报，2022，45(增刊 1)：49-54.

[15] 王毅，刘小俊，李芝福.装配式建筑标准化设计方法工程应用研究 [J].中国住宅

设施，2022（7）：55-57.

[16] 李洪芳，宋珺，殷帅，等.基于BIM技术的装配式建筑深化设计[J].中国建筑装饰装修，2023（15）：106-108.

[17] 张卫全，雷志民，智利江.浅议装配式建筑标准化设计[J].建筑结构，2022，52(增刊1)：1699-1701.

[18] 葛宏亮.BIM技术在装配式建筑结构设计中的应用[J].中国建筑金属结构，2023，22（7）：123-125.

[19] 田国民.构建装配式建筑标准化设计和生产体系[J].建筑，2022（8）：9.

[20] 李连金.中小学学校建筑设计初探[J].居舍，2021（36）：89-91.

[21] 李维松，孟娟，张军，等.装配式钢结构在中小学建筑中的结构标准化设计探析[J].安徽建筑，2021，28（11）：53-54.

[22] 王庆伟.装配式建筑标准化设计分析[J].居舍，2019（5）：95.

[23] 武琳，白悦，陶星吉.装配式建筑标准化设计实现路径研究[J].四川建材，2021，47（9）：45-46.

[24] 赵璨，赵中宇，骆思羽.装配式建筑标准化设计方法工程应用研究[J].中国住宅设施，2021（7）：35-36.

[25] 战长恒.装配式体系下的高校教学建筑标准化设计研究[J].华中建筑，2021，39（7）：45-49.

[26] 郭丰涛，张瀑，卫江华，等.装配式建筑标准化设计思考[J].建筑结构，2021，51(增刊1)：1088-1091.

[27] 叶浩文，樊则森，周冲，等.装配式建筑标准化设计方法工程应用研究[J].山东建筑大学学报，2018，33（6）：69-74，84.

[28] 陆秉雄.建筑标准化设计的发展泛谈[J].城市建筑，2019，16（2）：174-175.

[29] 王庆伟.装配式建筑标准化设计方法工程应用研究[J].住宅与房地产，2019（6）：35.

[30] 马健，刘明霞，马斌.装配整体式剪力墙结构建筑标准化设计技术研究[J].浙江建筑，2023，40（3）：53-58.

[31] 刘梦晓.浅谈BIM技术在中小学建筑设计过程中的应用[J].四川水泥，2021（4）：199-200.

[32] 银清华.装配式建筑标准化设计方法工程应用分析[J].居舍，2019（22）：112.

[33] 张玲.装配式建筑标准化设计要点分析[J].住宅与房地产，2021（2）：105-106.

[34] 陈慧玲.基于素质教育背景下的中小学建筑设计探究[J].江西建材,2020(11):42-43.

[35] 蔡玉鹏,李红玉,马超.BIM技术在装配式建筑标准化设计中的应用研究[J].建筑技艺,2018(增刊1):486-488.

[36] 丘雨生.中小学建筑空间设计探讨[J].低碳世界,2020,10(6):91-92.

[37] 刘春燕.中小学装配式建筑暖通设计分析[J].工程建设与设计,2019(24):34-35.

[38] 代晓丽.浅谈BIM技术在中小学建筑设计过程中的应用[J].科学技术创新,2020(15):124-125.

[39] 梁俊杰.关于住宅建筑采用装配式建筑标准化设计的研究[J].低碳世界,2023,13(10):58-60.

[40] 华元璞.基于BIM的装配式建筑造价精益控制研究[D].郑州:郑州航空工业管理学院,2020.

[41] 高天宇.装配式建筑个性化设计研究[D].杭州:浙江大学,2020.

[42] 张敏.基于BIM的装配式建筑构件标准化定量方法与设计应用研究[D].南京:东南大学,2020.

[43] 王兴冲.基于BIM技术的装配式建筑预制构件深化设计方法研究[D].深圳:深圳大学,2020.

[44] 梅景怡.教育信息化影响下的中小学建筑教学空间设计策略研究[D].哈尔滨:哈尔滨工业大学,2020.

[45] 渠立朋.BIM技术在装配式建筑设计及施工管理中的应用探索[D].徐州:中国矿业大学,2019.

[46] 秦子涵.装配式混凝土住宅标准化研究[D].长春:吉林建筑大学,2023.

[47] 王从越.基于BIM的装配式建筑模块化设计策略研究[D].重庆:重庆大学,2019.

[48] 韩慧磊.BIM技术在装配式建筑成本控制中的应用研究[D].郑州:河南工业大学,2019.

[49] 靳磊.装配式建筑实现方式研究[D].大连:东北财经大学,2019.

[50] 周锦彬.基于BIM的装配式建筑设计施工协同机制研究[D].广州:广东工业大学,2019.

[51] 冯雪.装配式中小学教学建筑设计方法研究[D].济南:山东建筑大学,2020.

[52] 王沛瑶 . 基于 BIM 技术的装配式建筑全生命周期应用研究 [D]. 天津：天津理工大学，2023.

[53] 李霁鹏 . IFD 建筑理念指导下的小学教学楼标准化设计研究 [D]. 重庆：重庆大学，2021.

[54] 谭翰韬 . 装配式木结构建筑标准化 BIM 构件库的设计与开发研究 [D]. 长沙：长沙理工大学，2022.

[55] 周东飞 . 装配式轻钢结构民居标准化设计研究 [D]. 青岛：青岛理工大学，2018.

[56] 邢超雲 . 基于全生命期的 BIM 技术在装配式建筑中应用研究 [D]. 合肥：安徽建筑大学，

[57] 皇甫义晖 . 适于标准化推广的湖南地区城镇中小学设计研究 [D]. 长沙：湖南大学，2021.

[58] 苗昊逸 . 新型城镇化装配式建筑标准化研究 [D]. 太原：太原理工大学，2018.

[59] 邱俊兰 . 中小学公共阅读空间的趣味性设计与实践 [D]. 长沙：湖南大学，2017.

[60] 王何宇 . 木框架结构度假别墅标准化设计研究 [D]. 哈尔滨：哈尔滨工业大学，2016.

[61] 唐修慧 . 中小学建筑抗震性能分析与优化设计研究 [D]. 大连：大连理工大学，2011.

[62] 唐晓芊 . 湖南装配式中小学建筑适应性设计策略研究 [D]. 长沙：中南林业科技大学，2021.

[63] 刘晓玥 . 基于 BIM 的寒冷地区装配式钢结构中小学教学楼设计研究 [D]. 济南：山东建筑大学，2023.

[64] 朱梦然 . 融合结构抗震性能提升的中小学校建筑外围护体改造设计策略研究 [D]. 南京：东南大学，2021.

[65] 章力栋 . BIM 技术在装配式建筑项目中的实际运用过程分析 [D]. 合肥：安徽建筑大学，2020.

[66] 赵姗 . 基于当代教育理念下的中小学建筑交往空间设计探究 [D]. 郑州：河南工业大学，2021.

[67] 张华倩 . 装配式建筑视角下的中小学建筑模块化策略研究 [D]. 合肥：合肥工业大学，2021.